KAMANDAKYA NITISARA

군주의 길

원제 Nitisara or The Elements of Polity

Kāmandakya 저

허세만 역

역자 **허세만**

· (주)강남 상무
· 주 인도 대한민국 대사관 국방무관
· 미 아태안보연구소(APCSS) 정책연수
· 인도 국방참모대(DSSC) 수료
· 미 포병고등군사반(OAC) 수료
· 합동군사대학교 교수
· 중앙대학교 정치학 박사
· 인도 Madras대학교 안보학 석사
· 국방대학교 군사전략 석사
· 육군사관학교 40기

| 주요 논문

· 한미동맹의 변화요인에 대한 연구(박사 학위, 2006)
· 제2차 세계대전 시 히틀러와 스탈린의 상호 이미지가 독소전쟁에 미친 영향 분석(석사 학위, 1994)
· 고대 인도의 전략사상을 원용한 합동전략 기획체계의 발전 방향 모색(군사연구 제142집, 2016)
· 고대 인도의 전략사상 연구 : 2,400년 전 인도의 국가/군사 전략서 강국론을 중심으로(김희수·허세만, 합참지 제68호, 2016)
· 아태 지역의 안보현안과 다자간 협력방안 고찰 등(군사평론 제360호, 2002)

군주의 길

초판 1쇄 인쇄 | 2020년 06월 15일
지은이 | Kāmandakya
옮긴이 | 허세만
펴낸이 | 이승훈
펴낸곳 | 해드림출판사
주 소 | 서울 영등포구 경인로82길 3-4(문래동1가 39)
　　　센터플러스빌딩 1004호(우편07371)
전 화 | 02-2612-5552
팩 스 | 02-2688-5568
E-mail | jlee5059@hanmail.net

등록번호 제2013-000076
등록일자 2008년 9월 29일

ISBN 979-11-5634-410-0

군주의 길

Nitisara or
The
Elements
of
Polity

Kāmandakya 저
허세만 역

해드림출판사

서문

『강국론』과 『군주의 길』을 수없이 읽으면서
성공적인 삶을 체험

『군주의 길』(원제 『Nitisara or The Elements of Polity』, Kāmandakya 저(M.N. Dutt 편집), Elysium Press, 1896, Calcutta)가 저술된 정확한 시기는 알 수 없다. 다만, 고대 산스크리트 학문을 연구하는 인도의 학자들은 여러 가지 정황상 인도의 굽타 왕조(A.D 320~647) 시절에 Kāmandakya가 저술했다고 보고 있다.

Kāmandakya는 스스로가 『강국론』(원제: Arthashastra)를 저술한 Chanakya(Kautilya 또는 Vishnu Gupta라고도 한다.)의 제자임을 자처하였고, 『군주의 길』도 많은 부분이 『강국론』의 논조와 유사하면서도 다르다. 또한, 『강국론』이 현학적으로 표현하여 난해했던 부분을 단순화시켰다는 점도 대비된다. 더 큰 차이로 '군주의 길'은 국가안보와 직접 관련된 부분만 기술했다는 것이다. 『강국론』에서 상당 부분을 할애했던, 군주에 대한 훈육, 정부 부처별

각료들의 임무, 사회제도, 사법제도, 민생과 치안, 주술과 토속신앙 관련 사항 등이 『군주의 길』에서는 보이지 않는다. 이는 『강국론』보다 천년 정도 후에 『군주의 길』이 저술된 것으로 미루어 볼 때, 시대적으로 고대 후반기 및 중세 전반기로 오면서 인도의 사회가 어느 정도 안정되고 그 틀이 확립되었기 때문인 것으로 추정한다.

본서의 백미는 제8장 '세력궤도론'에서 국제 관계, 국가 간의 역학관계, 세력궤도론(Mandala Theory), 외교정책의 유형, 외교정책 시행의 결과를 하나의 나무에 비유하여 설명하고 있다는 점이다. 즉, 한 몸통에 두 줄기가 나 있는 나무의 뿌리와 가지, 잎사귀, 꽃, 열매로 세계의 정복을 꿈꾸는 군주(Vijigisu, Would be Conqueror)가 나아갈 방향을 함축적으로 제시하고 있다.

역자는 본 역서를 『군주의 길』로 이름을 붙였다. 본서는 하늘 아래 존재하는 모든 주제를 다루고 있다는 불멸의 고전인 『강국론』의 주옥과도 같은 내용 중에서도 세상을 획득하고, 이룩한 제국을 정의와 부, 그리고 기쁨이 가득 찬 곳으로 인도하기 위해 '정복자(Would be Conqueror) 인 군주'가 알고 행해야 할 사항을 담고 있기 때문이다. 『강국론』의 진수를 뽑아 발전적으로 해석하고, '전쟁의 원인', '외교적 무관심(Upeksha)' 등과 같이 새롭게 추가한 『군주의 길』에 제시된 2천여 년 전의 국제관계 및 전쟁이론과 세상을 통치하는 기법은 오늘날의 대내외 상황에 대입해도 전혀 어색하지 않다.

역자는 『강국론』과 『군주의 길』을 수없이 읽으면서 성공적인 삶을 체험하고 있다. 추구하는 바가 의도한 대로 되고 있음이다. 수년간 동 서적들을 번역하고 관련된 서

적을 접하면서 나의 잠재의식과 내면의 세계에도 이들 이론들이 들어와 어떤 일을 계획하고 행동함에 있어 불식간에 작동하고 있음이리라.

　부가하여, 『군주의 길』을 흔쾌히 기획출판 해주신 해드림출판사 이승훈 대표님께 감사드린다. 『강국론』에서 시작된 이 대표님과의 인연이 이제는 '心自閑'이 되어 '杳然去'하니 이 또한 나에게는 큰 행운일 뿐이다.

2020년 봄을 보내며
KTX 세종시 근처를 지나며

차례

I. 군주의 자기관리와 소통　　　　　　　　　12

II. 학문의 분류, 계급별 책무, 처벌의 필요성　　23

III. 군주의 책무　　　　　　　　　　　　　　31

IV. 국가구성요소의 본질　　　　　　　　　　37

V. 주종 관계　　　　　　　　　　　　　　　49

VI. 눈엣가시 제거　　　　　　　　　　　　　66

VII. 군주 자신과 왕자의 안위　　　　　　　　69

VIII. 세력 궤도론　　　　　　　　　　　　　79

IX. 평화의 유형과 획득　　　　　　　　　　　96

X. 전쟁에 대하여　　　　　　　　　　　　　111

XI. 탁월한 책략가와 신하 그리고 정부   119

XII. 사절단과 밀정   139

XIII. 세력 궤도 구성 요소와 재난   148

XIV. 일곱 가지의 재난에 대하여   164

XV. 군사 원정에 대하여   174

XVI. 군영에 대하여   186

XVII. 다양한 군사원정   192

XVIII. 전쟁의 방식, 장군 그리고 전투의 수행   203

XIX. 전투대형   214

색인   220

I. 군주의 자기관리와 소통

세상의 정복을 꿈꾸는 비지기수(Vijigisu, 역주: 본서에서 Vijigisu는 정의, 부, 기쁨이 넘치는 제국을 건설하기 위해 세상의 정복을 도모하는 '정복자(would be conqueror)'로 뒤에서 언급하는 세력궤도론(Mandala Theory) 상의 중심국가의 통치자이다. 본서에서는 이를 '군주'로 번역했고, 이러한 군주와 경쟁, 적대 또는 동맹 관계에 있는 국가의 지배자들은 통치자로, 군주의 제후국의 지배자들은 왕으로 번역하였다) 즉, '군주'는 모든 국내외 적과의 전쟁에서 승리해야 한다. 그러한 승리의 원동력은 한결같이 정도를 지킴에 따르는 범접할 수 없는 군주로서의 위엄, 신의 영역에 비견할 수 있는 지혜, 공정한 처벌의 부여 등에서 기인한다.

고결한 선각자인 비쉬누굽타(역주: Vishnugupta, B.C. 4세기 마우리아 왕조의 찬드라굽타 황제가 인도대륙을 통일하는 데 기여한 재상이자 전략가, 철학자로 고대 인도의 국가전략서인 '강국론 Arthashastra'을 저술하였다)를 경배한다. 그는 자신 외 다른 어떤 사람으로부터도 아무런 도움을 받지 못했음에도 예언자처럼 행동하며 대를 이어 건재하는 광대하고 걸출한 왕조를 건설했고, 불꽃과도 같이 빛나는 명성을 세계적으로 떨쳤고, 술수에 매우 능하고 오묘한 능력의 보유자였으며, 4개 경전을 섭렵하여 마치 하나의 경전처럼 꿰뚫고 있었던 최고의 권위자였다. 마법을 부리는 능력, 번개처럼 강렬한 에너지, 분노할 때는 천둥 그 자체라고 할 수 있는 제어할 수 없는 힘을 보유한 것으로 유명하다. 공공의 선을 위해 거대한 산과도 같은 난다(Nanda) 제국을 제거한 그를 경배한다. 삭티다라(역주: Saktidhara, 힌두 신화에 등장하는 Siva신의 아들로 전쟁을 관장하는 신이다)를 닮았고, 지략과 민첩함을 지니고 찬드라굽타 황제를 통하여 온 세상을 자신의 치하에 둔 그를 경배한다. '아르타샤스트라(Arthashastra)'의 핵심 내용 중에서도 진수를 뽑아내 취합한 그를 경배한다.

  순수한 정통 학문 분야에서 추방당한 후, 정치학에 대한 애착에서 벗어나 다른 분야의 학문을 섭렵하고 군주들에게 일련의 짧고 중요한 가르침을 주어 영토를 획득하고 유지하도록 지도한 사람들의 견해도 정통 학문 분야인 정치학과 동떨어진 것으로는 볼 수 없다.

  군주는 현세의 번영과 발전의 근본이며, 범인이 범접할 수 없는 높은 위엄을 타고난 사람이다. 달이 바다를 빛나게 하는 것처럼, 군주는 백성들의 눈에서 빛을 발하도록 한다.

만약 통치자가 백성들을 올바른 길로 안내를 하지 않는 다면, 그 백성들은 거친 풍랑 속의 바다에서 사공을 잃고 떠 있는 거룻배의 신세가 될 것이다.

정의로운 군주는 가용한 모든 자원을 동원하여 백성들을 보호하고 적의 성읍을 점령할 수 있는 힘을 갖추어, 스스로를 신과 같이 추앙을 받는 존재가 되도록 해야 한다.

군주는 공정한 상과 벌로 백성들을 통치해야 한다. 백성은 농산물과 세금을 내어 군주가 번성하도록 한다. 모든 질서가 붕괴되면 현재의 번영은 아무런 쓸모가 없어지므로 번영의 증진을 위해 군주는 올바른 사회질서를 유지해야 한다.

군주가 정치적 사유로 인해 자신의 의무를 다할 수 없게 되면, 가급적 빠른 기간 내에 자신과 백성을 위해 모든 노력을 다해 트리바르가(Trivarga, 역주: 정의, 부, 기쁨을 의미한다)를 다시 확보해야 한다. 그렇게 하지 않으면 자신과 백성은 도탄에 빠지게 된다.

정도에 따라 통치함으로써 바이자바나(Vaijavana)왕은 오랫동안 세상을 다스릴 수 있었으나, 나후사(Nahusa)왕은 악행의 길을 걸었기 때문에 나락에 떨어지는 저주를 받았다.

이러한 이유로, 군주는 언제나 공정한 관점을 견지하면서 영토에 대한 통치력 강화와 번영을 위해 진력해야 한다. 만사를 공정하게 처리함으로써, 제국의 부는 증대되고 생산되는 과일의 맛과 향은 더해지게 되어 온 나라가 번성하게 된다.

군주, 장관, 영토, 성채, 재화, 군사 그리고 동맹은 국가를 구성하는 7개의 요소(Prakritis, 역주: 이러한 7개의 요소를 역자는 '국가 구성요소'로 번역하였다)이다. 각각의 요소는 탁월한 분별력과 식지 않는 열정을 기반으로 한다.

군주는 분명하지 않은 것을 식별해 내는 분별력과 뜨거운 열정에 의지해 정도를 걸으면서 국가의 7개 구성요소를 확립하기 위해 항상 원기 왕성한 노력을 해야 한다.

정당한 수단으로 부의 획득, 유지, 증진, 그리고 이를 확대시키는 것은 군주가 감당해야 할 네 가지 의무이다.

용기, 정치와 경제에 대한 완벽한 식견, 충만한 에너지를 지닌 군주는 번영을 획득할 방안을 모색해야 한다. 겸손은 정치와 경제에 대한 지식을 획득하는 수단이며, 겸손은 또한 샤스트라스(역주: Shastras, 사회적 행동 양식을 가르치는 힌두교 경전)의 학문을 자양분으로 하여 성숙해진다.

겸손은 감정의 완전한 통제와 동의어이다. 겸손한 마음을 갖는 사람은 샤스트라스에서 보다 심층 깊게 이를 배우게 된다. 겸손을 실천하는 사람은 스스로가 샤스트라스의 진면목을 행하는 것이다.

정치에 대한 지식, 현명한 판단, 만족, 숙련, 용감, 이해력, 열정, 달변, 결정력, 인내력, 압도하는 힘, 순수한 의도, 다정다감함, 자격 있는 자에게 부의 분배, 진실성, 감사하는 마음, 좋은 가문, 올바른 행동, 열정의 억제 등은 번영을 추구하는 군주가 갖추어야 할 근본적인 요건이다.

우선적으로 군주는 자제력을 습성화한 연후에 장관들, 식솔, 그리고 자식들을 통솔하며, 이는 일반 백성에게도 동일하게 적용된다.

절제심이 있는 군주는 백성들 보호에도 깊은 관심을 지니게 되고, 백성들도 군주에게 충성을 다하게 되어 제국에도 커다란 번영을 가져오게 할 수 있다.

군주는 지식이라는 곤봉으로 스스로에게 매질을 하면서 자제해야 한다. 걷잡을 수 없는 코끼리가 광활한 야지에서 즐겁게 뛰노는 것은 그 자체가 감각이고 분별력이라고 할 수 있다.

영혼은 마음이 물질적인 측면도 간과하지 않도록 영감을 주며, 자유 의지는 영혼과 마음의 결합에 따른 산물이다.

먹음직스러운 고기를 찾는 것에 비교되는 감각적인 즐거움과 자극에 병적으로 집착하는 마음을 부단히 억눌러 스스로 자신의 마음을 정복하는 것이 자제심이다.

다양한 지식을 실천하려는 수단, 정신, 분별 있는 용기,

마음, 지식 - 이 모든 것은 같은 의미를 지닌 다른 표현이라고 일컬어진다. 이러한 것들 중 어느 한 가지의 도움을 받아 인간의 신체 속에 존재하는 정신은 해야 될 것과 하면 안 될 것을 구별한다.

경건한 행동과 불경스런 행동, 즐거움과 슬픔, 욕망과 무욕, 인간의 노력, 전생에 대한 기억과 현재의 사물에 대한 인지 등은 영혼이 존재한다는 반증이다.

한 사람에게 여러 개의 인식이 병존할 수 없음은 마음이 실재한다는 반증이다. 다양한 사물에 대한 개념과 객체에 대한 감각의 형성은 마음이 작용한 결과이다.

청각, 촉각, 시각, 미각, 후각의 5개 기관과 항문, 음경, 팔, 다리, 성대는 감각기관을 구성하는 것으로 일컬어진다.

소리, 접촉, 형태, 맛, 냄새, 배설, 희열, 섭취, 언행 등은 이러한 여러 가지 각각의 기관이 작용할 때 나타나는 결과이다.

정신과 마음은 '내적 감각'으로 이 두 가지는 상호작용한다. 의지는 이 두 가지의 결합으로 생겨난다.

정신, 마음, 감각기관, 객체에 대한 인식은 '외적 감각'의 범주에 포함되는 것으로 알려져 있다. 의지와 근육의 움직임은 정신이 긍정적으로 반응하는 수단들이다.

내적 감각과 외적 감각을 연결하는 매개체는 의식적인 노력이 작용하는 것으로 보인다. 따라서 이러한 의식적인 노력을 억제할 수 있는 사람은 자신의 마음을 다스리는 경지에 이르게 된다.

이러한 방법에 의해 군주는 정의와 불의에 대한 관념을 정립하고, 이미 의식적인 노력으로 감각을 억제하여 차분한 마음을 지니게 되면, 이후에는 자신이 추구하는 선을 구현하는데 매진해야 한다.

자신의 마음을 충분히 주체할 능력이 부족한 사람이 바다로 둘러싸인 이 광활한 땅을 다스릴 수 있을까?

코끼리가 함정에 빠지는 것처럼, 군주가 단물이 빠지면서 매력이 점차 사라지는 감각적인 즐거움을 탐닉하면 위험에 처하게 된다.

사악한 행동을 즐기고 물질적이고 감각적인 즐거움에 눈이 먼 군주의 머리 위에는 커다란 재앙이 내려앉는다.

오관을 구성하는 청각, 촉각, 시각, 미각, 그리고 후각의 어떤 것이라도 파멸을 불러올 수 있다.

싱싱한 목초와 새싹이 파릇파릇한 광활한 협곡에서 풀을 뜯는 사슴은 달콤한 유혹에 빠져서 포식자의 먹이가 되는 파멸을 자초한다.

산등성이와 같이 거대한 몸집으로 큰 나무도 뿌리째 뽑을 수 있는 힘센 야생의 수컷 코끼리도 암컷 코끼리를 접하게 되면 포획되어 쇠사슬을 차는 신세를 면할 수 없다.

불나방은 램프의 불꽃에 매료되어 지체 없이 몸을 스스

로 화염에 던진다.

고립무원의 상태에 있거나, 깊이를 가늠할 수 없는 호수에서 수영하는 사람은 낚싯바늘에 매달린 미끼를 맛보려는 물고기와도 같아 스스로 파멸을 초래한다.

독이 든 즙의 달콤한 향기에 유혹 또는 갈증 때문에 그 즙을 마시는 벌이나, 코끼리 귀를 채찍으로 휘갈기는 것은 커다란 위험을 초래한다.

오관은 마치 독과도 같아서 하나의 감각으로도 인간을 충분히 파멸에 이르게 할 수 있다. 이러한 오관의 포로가 된 인간이 선을 행하는 것을 어떻게 기대할 수 있겠는가?

자기 자신을 제어할 수 있는 사람은 감각적인 것에 연연해하지 않아도 즐거움을 충분히 향유할 수 있다. 행복은 번영의 열매이다. 따라서 번영이 없는 행복은 쓸모가 없다.

군주가 아릿따운 여인의 얼굴을 쳐다보는 것에 사로잡히게 되면, 군주는 결국 자신의 젊음과 나라의 번영이 점차 소멸되는 것을 하염없이 쓸데없는 눈물만 흘리면서 지켜보게 될 수도 있다.

학문으로부터 나오는 교훈과 금기사항을 엄격히 준수할 때에 부는 획득되며, 부로부터 즐거움이 생겨나고, 즐거워하게 되어 이루는 것이 행복이다. 이러한 세 가지(부, 즐거움, 행복)를 조화롭게 다루면 큰 기쁨을 얻겠지만, 제멋대로 다루는 것은 이 세 가지를 스스로 짓밟아 파괴하는 것이다.

사랑이 가득한 눈으로 그윽하게 쳐다보면서 말하지 않을지라도, 듣는 것만으로도 즐거운 여자의 이름으로 액자를 가득 채우기만 해도 의미는 전달된다.

훌륭한 사람은 성욕, 미인계, 예쁜 여자의 애교에 젖은 목소리와 눈빛에도 흔들리지 않는다.

황혼의 빛이 은색 달빛을 뿜어내는 달의 아름다움을 더하듯이 여자는 현자의 마음에 성적인 욕망을 불러일으킬 수 있다. 물방울이 단단한 바위를 뚫는 것과도 같이, 예쁜 여자는 목석 같은 사람을 황홀경에 빠뜨릴 수 있다.

군주가 사냥과 놀음, 과음하는 것은 비난 받아 마땅하다. 판두(Pandu) 왕, 니샤다스(Nishadhas) 왕, 비리쉬니(Vrishni) 왕은 각각 사냥과 놀음, 과음에 빠져서 재앙을 초래한 좋은 예이다.

성욕, 분노, 탐욕, 가학, 명예 집착, 거만과 같은 여섯 가지에 대한 열망은 최소화되어야 한다.

이러한 6가지 해로운 열망에 굴복하여 파멸의 길로 들어선 예로 단다카(Dandaka)왕은 성욕, 자나메자야(Janamejaya) 왕은 분노, 왕실의 군사(군주의 스승)인 아일라(Aila)는 탐욕, 아수라 바타피(Asura Vatapi)는 잔인, 락샤사 포울라스타(Rakshasa Poulasta)는 명예 집착, 그리고 담보드바바(Dambhodbhava) 왕은 거만이 원인이었다.

이러한 여섯 가지의 해로운 열망을 극복하기 위해 자마다그니야(Jamadagnya)는 감각에 통달하여 오랫동안 세상을 통치하였다.

선각자와의 교류를 통해 증대시킨 학식은 더욱 겸손한 마음을 갖도록 해준다. 이러한 영향으로 겸손함을 갖는 군주는 결코 어려움에 처하지 않게 된다.

노인을 잘 공경하는 군주는 사악한 사람에게 둘러싸여 있어도 악행을 범하지 않는다.

스승으로부터 매일 다양한 분야의 지식을 전수받으면 반달이 조금씩 만월을 향해 가는 것처럼 군주는 역량을 갖추어 간다.

역량을 갖춘 군주가 자신의 열망을 적절하게 통제하면서 본서에서 제시하고 있는 군주의 길을 잘 따라가면 번영의 불꽃이 매일 피어오르며, 그 불꽃은 하늘에 닿을 것이다.

따라서 군주가 자신을 잘 제어하면서 본서의 문구들을 이행하면, 머지않은 시기에 마하라트나지리(Maharatnagiri, 역주: 인도의 고대 전설 속에 등장하는 산으로 보석과 금으로 되어 있고, 세상 어디에서나 볼 수 있는 거대한 산, 여기서 'Maha'는 거대함, 'ratna'는 보석, 'giri'는 산을 뜻한다)의 최고봉에 도달하는 것과도 같은 고도의 번영을 이루게 되어, 신과도 같이 추앙을 받았던 옛 성군들의 반열에 오르게 될 것이다.

본래, 군주의 역량을 증진시키는 방법은 일반적인 방법과는 다르다. 따라서 군주의 스승은 엄격하게 군주로 하여금 자제심을 갖도록 지도해야 한다. 이러한 자제심은 세상을 다스리기 위한 어떠한 가르침보다 우선해서 내면화가 되도록 해야 한다.

자제심을 갖춘 군주는 최고의 존경을 받게 된다. 자제심은 군주를 빛나게 하는 장신구와 같다. 자제심을 갖춘 군주는 이코르(ichor, 역주: 신들의 몸속에 혈액처럼 흐른다는 영액(靈液))를 발산하면서 발걸음을 천천히 옮기는 온순한 코끼리처럼 멋진 모습으로 보인다.

군주는 학문의 획득을 신앙처럼 여겨야 한다. 학문에 통달하는 것은 명석한 분별지(分別智)를 증진하는 도구를 구비하는 것이다. 분별지를 갖춘 사람의 행동은 번영을 담보한다.

타인을 위해 봉사할 준비가 되어 있는 순수한 영혼을 지닌 사람은 자신이 쌓은 학문과 능란한 책략가의 보좌 하에 번영을 성취한다. 자제심을 가지고 통치를 하면 군주는 왕관의 가치를 더욱 높이게 되어 평화를 지키는 능력을 갖추게 된다.

강력한 군주이나 자제심을 상실하게 되면 쉽사리 적에게 정복당한다. 반면에, 힘이 약한 군주라고 해도 자제심을 갖추고 학문의 가르침을 따르면 결코 패배하지 않는다.

II. 학문의 분류, 계급별 책무, 처벌의 필요성

자제심을 갖춘 이후에 군주는 철학(안빅시키, Anvikshikee), 삼경(트라이에, Trayee, 세 가지의 경전), 경제학(바르타, Varta) 그리고 통치학(단다니티, Dandaniti)이라는 학문의 각각의 분야에 높은 경륜을 갖춘 스승으로부터 가르침을 받은 현자의 보좌를 받아 네 분야 학문에 대해 학습해야 한다.

위 네 가지는 실체가 있는 행복을 성취하는 길로 안내하는 불멸의 학문이다.

마누(Manu) 학파의 제자들은 학문에는 단지 세 분야가 있는 바, 이는 베다학, 경제학, 통치학이 그것이라고 했다. 철학은 베다학의 일부라는 입장이다.

브리하스빠띠(Vrihaspati) 학파는 학문은 인간이 부(역주: 여기서 '부'의 의미는 물질적인 측면과 정신적인 측면 모두를 포함한다)를 창출하고 획득하는 데 도움이 되는 경제학과 통치학뿐이라는 입장이다.

우사나스(Usanas) 학파는 통치학이 유일한 학문이며, 소위 학문이라고 하는 다른 종류의 것들은 통치학의 분파라는 입장이다.

그러나 우리의 스승(역주: 여기서는 고대 인도의 전략서 『강국론 Arthashastra』의 저자인 Chanakya를 의미한다)은 학문에는 네 가지 유형이 있는 바, 이 학문들은 서로 추구하는 바가 다르며, 이들이 조화를 이룰 때 세상은 안정이 된다고 하였다.

철학은 자기성찰, 베다학은 신에 대한 경배, 경제학은 부의 획득과 손실, 그리고 통치학은 정의와 불의에 대한 학문이다.

철학, 베다학, 경제학은 모든 학문 중 가장 뛰어난 것으로 간주된다. 그러나 통치학이 소홀히 다루어진다면 이들 학문은 아무런 의미가 없다.

통치학에 정통한 위대한 사람은 나머지 분야의 학문도 통달하게 된다.

카스트(Caste)와 삶의 방식은 이러한 유형의 지식으로 연관되어 있다. 그렇기 때문에 군주는 이러한 유형의 지식들을 개발하기 위한 수단을 확보하고 관리하며, 카스트별로 자신들의 생활방식에 따라 생산해 내는 산물들을 분배하는 분배자이다.

철학은 기쁨과 슬픔을 뛰어넘어 사물이 존재하는 본질

을 통해 인간의 고통과 고민을 다루는 영적인 학문이다.

삼경(三經, 3가지의 베다)은 찬가(리그, Rig), 노래(사마, Sama), 공물 헌상(야주루, Yajur)을 의미한다. 이러한 삼경의 계율에 어긋나지 않고, 그 가르침을 철저히 따르는 사람은 현생은 물론이고 내생에서도 복을 받는다.

어떤 때는 여러 가지의 보조 경전(Atharveda, Itihasaved 등)을 총칭하는 앙가스(Angas)가 삼경에 더해져 사경이라고도 한다.

목축업, 농업, 무역업에 종사하는 사람들을 바르타(Varta)라고 부른다. 바르타들은 혁명을 두려워하지 않는다.

처벌(Danda)은 복종의 강요를 의미한다. 모든 처벌은 군주가 지시할 때 시행되기 때문에 군주를 '단다(Danda)'라고 부르기도 한다. 처벌 여부를 결정하는 지침을 '통치술(Dandaniti)'이라고 한다{역주: 여기서 니티(Niti)라는 용어는 법의 올바른 집행을 제시하는 계략, 지침 등을 의미한다}.

사법행정의 공정한 집행은 군주 자신을 보호하는 것은 물론 법과 관련된 지식으로서의 학문 분야인 통치술 등의 발전도 가져온다. 통치술은 직접적으로 인류에게 유익함을 제공하는 것인 바, 이는 군주가 지켜야 할 영역이기도 하다.

명석하고 인자한 군주가 이러한 학문 분야를 공부하여 사경{역주: 앞에서 언급한 삼경에 Moksha(salvation, 구원)를 더한 것을 말하며, 힌디어로는 Chaturvarga이다.} 을 깨닫게 되면, 학문의 깊은 뿌리를 갖추게 되는 것으로 이후에는 단지 이를 적용하기만 하면 되는 것이다.

신에게 제물 봉헌, 경전 공부 그리고 다른 사람에게 부를 나누어주는 것 등은 브라만(Brahman), 크샤트리아(Kshatriya), 바이샤(Vaisya) 계급의 카스트들이 일반적으로 준수하는 관습이다.

가르침, 다른 사람을 대신한 희생, 경배하여 바치는 공물의 수납은 가장 높은 계급으로 성직자인 브라만이 행하는 행동의 예이다.

군주는 자신의 백성을 보호하기 위해 무기를 항상 곁에 두고 함께 살아야 한다. 바이샤 계급은 목축, 농업 그리고 무역을 생업으로 한다.

수드라(Sudra) 계급의 의무는 환생한 계급의 사람들에게 봉사하는 것이나, 그림을 그리고 시를 짓는 직업도 허용이 된다.

브라만의 의무는 뭇 사람의 스승으로서 가문의 전통 계승, 성스러운 불의 숭배, 베다와 베다의 보조 경전을 연구, 서약과 맹세 간 입회, 아침과 점심 그리고 저녁에 세 번의 세정식, 자신의 영혼이 영도하는 바에 따라 구걸하면서 삶을 영위하는 것이다. 사도 시절에 브라만은 스승이 부재중이면, 스승의 아들이나 스승과 동거하는 브라만 중의 한 분과 함께 삶을 살아야 한다. 그러나 자신이 원한다면, 다른 삶의 방식을 택할 수도 있다.

사도 시절 전 기간 동안에 브라만은 세 겹의 실로 짠 치마 형태의 옷을 걸치고, 편발 머리카락 외 나머지 부분은 삭발을 하며, 대나무 지팡이를 짚고 다니며 스승과 함께 기거해야 한다. 이후에는 자신이 선택하는 바에 따라 다른 삶의 방식을 택할 수도 있다.

가장의 의무는 성스러운 불을 지키는 의식을 거행하면서, 자신의 계급에 명시된 의무를 다하며, 만월에서 초승달에 이르는 기간 동안에는 부인을 멀리하는 것이다.

결혼하여 정착한 사람의 의무는 신과 조상의 영혼 그리고 손님을 경배하고, 가난한 자와 비참한 생활을 하는 자에게 자비를 베풀며, 경전의 가르침에 맞게 살아가는 것이다.

산중에서 생활하는 브라만은 편발을 하고, 성스러운 불을 지키는 의식을 거행하면서, 땅바닥에서 잠을 자고, 검정 사슴 가죽을 걸치고, 인적이 없는 곳에서 살며, 자생하는 열매와 과일과 식용 뿌리와 물로써 연명하면서 하루에 세 번씩 목욕을 하고, 맹세를 지키고 신을 경배하면서 찾아오는 사람에게도 최대한의 예를 표한다.

방랑하는 수도승은 모든 세속의 활동과 연을 끊고, 구걸로 연명하며, 나무 밑에서 안식처를 찾으며, 어떠한 작은 공물도 거부하고, 어떠한 생명체에게도 해를 가하지 않으며, 모든 생명체들을 동등하게 대하며, 적과 친구에게도 아무런 차별 없이 대하며, 기쁨과 슬픔에 동하지 않고 몸과 마음을 정결히 하며, 말을 자제하며, 서약을 지키고, 감각기관이 본능을 따라가지 않도록 하고, 항상 평상심을 유지하고, 묵상을 하고, 마음을 정화한다.

무해, 상냥한 말씨와 유익한 단어 사용, 진실성, 심신의 순수성, 자비와 인내심 등은 모든 계급의 사람들이 서로 다른 삶을 살지만 공통적으로 지켜야 하는 의무들이다.

위의 사항들은 모든 계급의 사람들이 일상을 살아갈 때 준수해야 하는 의무이며, 이를 지킬 때 그들은 구원을 얻고, 천당으로 갈 수 있다. 이러한 의무의 이행을 소홀히 하게 되면, 카스트 간의 질서가 무너지게 되어, 이 세상은 황폐화된다.

군주는 이러한 모든 정당한 행위들의 증진을 법적으로 관리하는 책임자이다. 군주가 없다면, 모든 것은 정당성을 잃고, 세상은 파멸의 길로 들어서게 된다.

각자의 쓰임새에 따라 삶을 살아가며 자신들에게 부과된 의무를 잘 알고 있는 다양한 계급의 사람들과 아스람(Asram, 역주: 힌두교 수행자의 마을)을 보호하는 군주는 천당에서 당당히 한자리를 차지하게 된다.

자제심을 구비한 군주는 온 세상은 물론 백성의 정신적

발전을 이끌어 가는 열쇠를 지니고 있다. 군주는 자신에게 벌을 내린다는 생각으로 불편부당하게 처벌권을 행사해야 한다.

지나치게 가혹한 처벌은 백성을 소스라치게 할 것이며, 지나치게 미약한 처벌은 백성들이 군주를 우습게 여기는 계기가 될 수 있다. 따라서 군주는 법규 위반의 정도에 비례하여 공정하게 처벌을 부과해야 한다.

죄질에 맞게 처벌하는 군주의 덕망은 신속하게 퍼져나가나, 부당한 처벌을 일삼는 군주에 대해서는 세상을 등지고 산속에서 사는 수도승의 분노까지도 초래할 것이다.

처벌은 사회적 관습과 법에 따라 범법자에게만 가해져야 하며, 무고한 사람을 박해하는 수단이 되지 않아야 한다. 박해는 결코 번영을 가져올 수 없으며, 박해는 군주가 멸망으로 이르는 원죄의 씨앗이 된다.

먹고 먹히는 관계로 생명체가 존재하는 이 세상에서 군주가 적절한 응징을 하지 않으면서 백성을 자신의 통제 하에 두려고 하는 것은 노 없이 배를 저어 물고기를 잡으려는 것과 같다.

군주가 처벌을 올바르게 하는 것은 탐욕과 색욕 그리고 다른 충동의 원죄가 가득한 혼란스러운 세상에서 질서를 유지하는 힘이 된다.

세상의 사람들은 본질적으로 오관의 감성이 주는 쾌락

의 노예이며, 부와 색을 지나치게 탐하는 경향이 있다. 처벌의 두려움으로 세상이 동요할 때, 이 세상을 바로 잡아 줄 수 있는 외부적인 처방은 신의 힘이다.

쾌락의 노예가 되어 버린 세상에서 정행을 하는 것은 매우 어렵다. 인간은 자신에게 부과된 의무를 처벌에 대한 두려움 때문에 이행한다. 갈 곳이 없거나, 가난하거나, 기형이거나, 병이 든 남자를 지극 정성으로 돌보아 칭송을 받는 부인일지라도 알고 보면 특정된 도덕적 규범이 부과하는 두려움 때문에 행동하는 것이다.

따라서 정해진 행로를 따라 바다에 이르는 강물처럼, 처벌의 좋은 면과 나쁜 면을 잘 알고 있는 군주가 경전이 설계한 길과 백성이 따라야 할 정해진 법규를 준수할 때, 모든 번영은 결코 줄어들지 않고 번성하게 된다.

III. 군주의 책무

통치자는 프라자파티(Prajapati, 역주: 인도 신화에 등장하는 창조의 신으로 지극한 자비로 피조물을 대했다고 한다)처럼 백성들을 자비로 다스려야 하며, 벌을 가할 때는 마치 자신에게 벌을 가하는 것처럼 부당한 처벌을 하지 않아야 한다.

부드럽고 진실된 대화, 친절, 자비, 피난처를 찾는 탄압받는 사람의 보호, 덕망 등은 신앙이 독실한 사람의 참된 행동이다.

인간은 좌절하고 있는 사람을 최대한 자애롭게 대하고, 마음을 어루만져 주어 직면하고 있는 어려움에서 벗어날 수 있도록 해 주어야 한다.

비탄의 구렁텅이에 빠져 좌절하고 있는 사람을 구해주는 칭찬받을 만한 행동보다 더 숭고한 것은 없다.

군주는 자신의 책무에서 벗어나지 않으면서 진정한 마음에서 우러나서 탄압을 받고 희망을 상실한 사람들의 눈물을 닦아 주어야 한다.

자애는 모든 덕목 중 최고이며, 자애는 모든 생물에게 동일하게 적용된다. 그러므로 군주는 자애로운 마음으로 불쌍한 자신의 백성들을 보호해야 한다.

군주가 자신의 행복을 위해 힘없고 불쌍한 사람을 박해해서는 안 된다. 군주로부터 박해를 당한 불쌍한 사람은 비탄에 빠져서 자신보다 약한 생명체를 죽일 것이다.

높은 신분의 사람이 아주 작은 만족감을 얻고자, 하잘것이 없는 사람이 저지른 소소한 잘못에 대해 재판도 없이 탄압하면 안 된다.

분별력 있는 사람이 자신의 이익을 위해 잘못된 행위를 저지른 후에 이에 대한 자책감으로 정신적, 육체적으로 고통을 받게 되면 결국에는 파멸에 이르게 된다.

진흙으로 지은 초라한 움막에 각종 장식으로 치장하고 향수를 뿌리는 등 인위적으로 눈을 가리려 하는 행위는 물거품처럼 꺼지거나 그림자처럼 사라져 아무런 쓸모가 없다.

고귀한 영혼을 지닌 사람이 감각적인 즐거움의 포로가 되면, 거센 폭풍에 의해 이리저리 떠다니는 조각구름의 신세가 될 것이다.

형상이 있는 모든 생명체는 연못에 떠 있는 달이 물결에 따라 출렁이는 것처럼 항상 불안정 상태에 놓여 있다.

이러한 것을 아는 사람은 항상 정의롭고 올바른 삶을 살아야 한다.

이 세상은 신기루와도 같고 모든 것은 일시적으로 머무르는 현상에 불과하다는 사실을 안다면, 인간은 행복을 찾고 종교에서 오는 이로움을 누리기 위해 성직자와 소통해야 한다.

덕을 지닌 고귀한 사람은 방금 흰색 페인트를 칠한 건물에 은은한 달빛이 반사되는 것처럼 매력을 발산한다.

덕으로 행하는 행동은 인간의 마음을 기쁘게 한다. 이는 시원한 달빛이나 활짝 핀 연꽃으로도 대신할 수 없다.

사악한 사람과의 동행은 타는 듯 불타는 태양의 광선 아래서 건조한 사막을 벌거벗고 걷는 것과 같은 것이어서 피해야 한다.

사악한 사람이 본성이 훌륭하고 신앙심이 깊은 사람의 환심을 사게 되면, 전자는 바짝 마른 나무에 불을 붙여 소멸시키는 것처럼 후자를 어떠한 거리낌도 없이 파멸시킬 수 있다.

사악한 사람과 교류를 하느니, 차라리 입에 불같은 독을 가득 지니고 숨을 쉴 때마다 이를 내 뿜는 독사와 함께 사는 것이 낫다.

고양이처럼 사악한 사람은 맛있는 음식을 제공하는 사람의 손을 거리낌없이 잘라 버린다.

사악한 사람은 두 개의 혀를 가진 독사와 같아서 한쪽 혀로는 말할 때마다 치명적인 독을 내 뿜는데 그 말의 효과는 끔찍해서 어떠한 방법으로도 치료가 불가능하다.

자신만의 이익을 추구하는 사람은 자신이 경배하는 친척 앞에서 한껏 자신을 낮추는 것 이상으로 사악한 사람에게 굴욕을 당하게 될 것이다.

사람들의 마음을 완전히 빼앗기 위해 사악한 사람은 만나는 모든 사람과 감언이설로 친밀감을 쌓아 간다.

훌륭한 사람은 가치 있는 언행으로 살기 좋은 세상을 만들어야 한다. 그러한 사람이 거친 말을 하고, 다른 사람의 감정을 상하게 하는 사람들에게 하는 말과 행동은 보시와도 같다.

지혜로운 사람은 자신이 어려운 상황에 처해 있을지라도 다른 사람의 마음에 상처를 주는 말을 결코 하지 않는다.

불손한 사람이 내뱉는 거칠고 가시 박힌 말은 인간관계를 급속히 파괴시킨다.

친구는 물론 적에게도 동일하게 공손히 말해야 한다. 공손한 말을 하지 않는 사람을 누가 감미로운 노래를 하는 공작새처럼 대하겠는가?

공작새는 달콤하고 감미로운 소리로 멋을 더하고, 교양 있는 사람은 공손한 말씨로 자신의 품격을 높인다.

백조, 뻐꾸기 그리고 공작새의 감미로운 소리도 교양

있는 사람의 공손한 말씨만큼 멋있지는 않다.

약속을 반드시 이행하고, 다른 사람에 대해 좋은 감정을 지니고, 장점을 높이 평가하며, 그것을 존중하는 사람은 자신의 부를 경건한 행동을 하는데 사용할 것이며, 항상 공손히 말하며 상대방이 듣기에 편한 용어를 선택할 것이다.

모든 사람에게 공손히 말하고 편의를 제공하는 사람은 분명히 인간의 형상을 한 신이며, 영원히 번영하고 오점이 없는 삶을 살아간다.

학문적 신념이 충만하여 영혼이 맑고 마음이 순수한 사람은 항상 신을 숭배하며, 덕망 있는 노인을 신처럼 대하고, 친척을 자신의 몸이라 생각하고 돌 봐야 한다.

자기 자신을 위해서라도 사람은 덕망 있는 노인에게 머리 숙여 인사함으로써 그를 즐겁게 하고, 고결한 사람에게 예의 바르게 행동하며, 경배함으로써 신을 달래야 한다.

사람은 친구에게는 상냥한 태도, 친척에게는 다정한 행동, 부인과 하인에게는 사랑과 자애로 대해야 하며, 다른 사람들에게도 이에 준하는 행동으로 친절하게 대해야 한다.

타인의 행동에서 결점을 찾지 않고 본연의 책무만을 관찰하며, 좌절한 사람에게 연민을 보여주고, 모든 사람에게 상냥한 말씨로 대하며, 신뢰하는 친구에게는 자신의 목숨까지 내어 놓을 수 있으며, 자신의 집을 찾아오면 적까지도 환대를 하고, 가난한 자에게 자선을 베풀며, 모든 고통을 감내하며, 관계가 소원해진 친구와 화해하며, 친척들에게 편의를 제공하는 것 등은 고귀한 품성의 소유자가 갖추어야 할 특질이다.

이러한 것이 집안의 가장이 인생의 항로에서 택하고 따라야 할 삶을 살아가는 방식이다. 이러한 항로를 택한다면, 그들은 금번 생애는 물론 다음 생애에서도 번영을 구가할 것이다.

군주가 위에 기술한 삶의 방식을 엄격히 따른다면, 적도 친구가 될 수 있다. 그러한 군주에게는 모든 종류의 적대심이 사라지게 되어, 자신의 온화한 성품으로 세상을 영도할 수 있게 된다.

군주와 예하에 있는 수많은 백성들 간에는 얼마나 큰 격차가 있는가? 백성들을 기쁘게 하기 위해 겸손한 언어로 자신을 낮추는 군주는 얼마나 보기 어려운가? 칭송 받는 군주는 상냥한 말씨로 단번에 백성들의 마음을 사로잡고, 그들을 진정으로 아끼며, 결코 정도로부터 한 걸음도 벗어나지 않아야 한다.

IV. 국가구성요소의 본질

■

　군주, 장관, 왕국(영토, 백성), 성채, 재화, 군사 그리고 동맹은 국가를 구성하는 7가지 요소이다. 이들 요소들은 서로 밀접한 관계가 있으며, 어느 한가지 요소라도 잃게 되면 전체가 불완전해진다. 완전하게 국가를 유지하려는 군주는 이러한 요소들의 본질을 깊이 이해해야 한다.
　군주에게 가장 우선시 되는 것은 군주의 자질을 갖추는 것이며, 일단 이러한 자질을 갖춘 다음에 다른 사람들도 합당한 자질을 갖도록 요구해야 한다.
　무분별한 행동을 하는 군주는 번성할 수 없다. 군주가 군주로서의 자질을 갖추었을 때, 제대로 국가를 통치할 수 있다.
　제국의 번영을 이루는 것은 대단히 어려우나, 이룩한 번영을 유지하는 것은 더 어렵다. 제국의 번영을 이룩하고 유지하는 것은 전적으로 여러 계층의 사람들이 제국에 대해 좋은 마음을 갖는 것과 군주가 맑은 물과 같이 도덕적으로 순수할 때 가능하다.

고귀한 태생, 침착, 활기, 좋은 성격, 박애, 활동성, 일관성, 진실성, 연장자와 학식이 높은 사람에 대한 존경심, 타고난 운명, 이해력, 인간관계 형성 능력, 적을 압도하는 능력, 변함없는 신에 대한 경배, 선견지명, 열정, 순수성, 원대한 포부, 겸손 등은 군주가 갖추어야 할 자질이며 이러한 자질을 갖출 때 백성은 군주에게서 안식처를 찾는다.

이러한 자질을 갖춘 군주를 백성은 따른다. 군주는 자신을 따르는 백성의 자존심을 지켜주어야 한다.

세상의 통치자 즉, 군주의 안위는 훌륭한 가문의 후손, 순수한 사람, 강직한 사람 등으로 구성된 주변 인물들의 책임이다.

백성은 군주의 책략가가 훌륭하다면, 사악한 군주라고 할지라도 그로부터 안식처를 찾는다. 사악한 책략가를 둔 군주는 뱀에게 둘러싸인 산딸나무와 같아서 백성이 가까이 가는 일은 거의 없다.

군주가 물품을 일일이 점검하지 않으면, 사악한 책략가는 군주의 재화를 모두 탕진할 수 있다. 이런 연유로 군주는 신앙심이 돈독하고 훌륭한 성품을 지닌 사람을 책략가로 임명해야 한다.

커다란 번영을 획득한 후에 군주는 제사장들과 함께 그

기쁨을 나누어야 한다. 제사장들과 그 기쁨을 함께 누리지 못한다면, 그들은 번영을 획득하는 일에 동참하지 않을 것이다.

사악한 사람이 지닌 부와 번영은 그와 동일한 성향을 지닌 사람들에 의해서만 향유된다. 킴파카(Kimpaka) 나무의 열매는 다른 새가 아닌 오직 까마귀만 맛을 본다.

달변, 자신감, 정확한 기억력, 큰 키, 완력, 자제심, 다양한 문제 해결 방안을 제시하고 기구를 고안하는 독창성, 모든 예술 분야에 능통, 악을 추종하려는 자를 쉽게 원상태로 돌려놓는 힘, 적의 공격을 견뎌내는 힘, 위험에 대해 다양한 처방을 할 수 있는 지식, 적의 약점을 쉽게 찾아내는 능력, 전쟁과 평화의 본질에 해박, 모든 행동과 자문내용에 대한 비밀의 유지, 시간과 장소의 이점을 활용할 수 있도록 재빠르게 전환, 적절한 징세와 세금의 공평한 사용, 자신을 따르는 사람의 본성을 꿰뚫어 보는 통찰력, 분노, 탐욕, 두려움, 적대심, 고집, 변덕의 관리, 폭정, 타락, 악의, 질투, 거짓의 회피, 나이가 많은 사람과 많이 아는 사람의 조언을 수용, 열정, 친근한 외모, 타인에 대한 존중, 밝은 대화 등은 군주가 반드시 갖추어야 할 자격 요건이다.

이러한 자격 요건을 갖추고 일시적 감정에 흔들리지 않으며, 사람들과 잘 어울리고 예의를 지킬 줄 아는 군주 아래서 백성은 마치 자신의 아버지와 한 지붕 아래에서 사는 것처럼 행복을 느낄 것이다. 이러한 군주는 지상의 제왕으로서 그 가치가 있다.

군주의 자질을 잘 갖추고, 정의롭고, 불편부당하게 행동하는 마힌드라(Mahindra, 역주: 인도의 신화에 등장하는 비와 번개와 천둥을 주관하는 신으로 Indra로도 불리운다)와도 같은 군주는 제국의 번영을 촉진시킨다.

지식의 습득, 가르침의 경청과 이행, 본래의 뜻에 더한 다양한 의미에 대한 이해, 질문의 장점과 단점에 대한 토의, 사물의 실제 본질에 대한 연구와 응용 등은 지성을 구성 하는 요소이다.

전문성, 활동성, 살아있는 적대심, 용기는 열정을 구성하는 요소이다. 이러한 지성과 열정의 제반 요소를 잘 구비할 때 비로소 군주가 될 자격이 있는 것이다.

온화, 용기, 진실은 모든 군주가 구비해야 할 고귀한 세 가지의 요소이며, 이러한 세 가지를 구비할 때 군주는 안정적으로 직무를 수행할 수 있다.

군주를 보좌하는 사람들은 좋은 가문의 출신으로 성품이 고결하고, 투지가 넘치며, 박학다식하고, 충성심이 뛰어나며 통치학을 현실에 훌륭하게 접목할 수 있어야 한다.

군주가 취하는 모든 조치와 조치하지 못하는 것은 우파다스(Upadhas, 역주: 충성심, 객관성, 용기, 인내력과 같은 4가지에 대한 시험)를 통과한 충용 스러운 신하들에 의해 점검되어야 한다.

군주의 측근이 되려면 반드시 우파다스를 통과해야 하며, 군주는 우파다스를 통과한 신하를 측근에 두고 의지한다.

장관이 되려는 사람의 자격요건은 자신의 잘못을 타이르는 사람과 돈독한 우정 유지, 국내에서 출생, 좋은 가문 출신, 뛰어난 완력, 과감한 발언과 달변, 통찰력, 열정, 유머 감각, 융통성, 일관성, 순수, 진실, 침착, 명랑, 인내, 엄숙, 강건, 모든 예술에 능통, 분별력, 기억력 등의 요소를 갖추고 초지일관하며, 군주가 설사 자신에게 잘못을 해도 앙갚음을 하지 않는 마음 등이다.

정확한 기억력, 절대적인 수단과 방법으로 제국에 기여, 이슈가 내포하는 장단점에 대한 깊은 고려, 정확한 판단, 확고함, 모든 조언에 대한 비밀 엄수 등은 장관에게 필요한 자격요건이다.

베다의 삼경과 통치학에 정통한 사람을 왕실의 제사장으로 임명해야 한다. 제사장은 아타르바베다(Atharva Veda, 역주: 마법과 주술에 관한 경전)의 조항에 따라 평화와 번영 그리고 다른 이점을 성취해야 한다.

점성술의 본질에 대해 끊임없이 연구하고, 다른 여러 가지에도 기발한 의문을 가지고, 시간 계산에 능숙한 사람을 군주는 왕궁의 점성술사로 임명한다.

 지혜로운 군주는 신하들이 지위에 부합되는 권한을 행사하는지 여부를 확인함으로써 정직성을 평가한다. 군주는 또한 신하들의 예술적 재능을 감정가들이 평가하도록 한다.

 군주는 신하들의 친지들로부터 그들의 본성, 성취도, 공헌 자세, 지식과 물리적인 역량에 대한 정보를 획득한다.

 군주는 그 자신이 신하들의 자신감과 독창성의 수준을 평가한다. 또한, 그들과 대화를 통해 언어능력과 진실성을 판단한다.

 군주는 신하들의 열정, 용기, 인내력, 기억력, 헌신 그리고 침착성이 어느 정도인지를 확인해 두어야 한다.

 신하들의 헌신, 신실 그리고 의도의 순수성은 그들이 하는 행동을 보면 알 수 있다. 군주는 신하들과 함께 생활하면서 그들이 신체적으로 건강하고 강인한 정신력을 보유하고 있는지를 확인한다.

 군주는 신하들의 복종심과 결단력, 적을 통제하는 힘의 보유 여부, 그리고 성격적으로 비열 또는 관대한지를 직접 확인해야 한다.

 군주는 신하를 직접 보고 파악하는 것을 넘어서는 부차적인 특성은 그들의 임무 수행내용을 통해 파악하며, 임무의 성취도는 측정의 기준이 된다.

군주가 악행에 빠져드는 것은 장관에 의해 저지가 되어야 하며, 군주는 훌륭한 장관들의 충언을 한 밤의 길을 밝히는 등불과도 같은 영적인 안내자라고 여기고 따라야 한다.

군주가 무너지면 왕국도 붕괴하며, 군주가 살아나면 왕국도 마치 해가 뜨면 피어나는 연꽃처럼 자연스럽게 살아난다.

그러므로 타고난 천재성, 열정, 차분함을 갖춘 장관들은 주군의 이익에 공헌한다는 마음자세로 적절한 방법으로 군주에게 지식을 심어주어야 한다.

군주의 진정한 친구이자 영적인 안내자로 간주되는 장관들은 거듭된 경고에도 불구하고 잘못된 길로 군주가 들어서는 것을 사전에 예방해야 한다.

군주가 악행에 빠져들지 않도록 하는 장관들은 단순한 친구가 아니라 숭고한 스승과도 같다.

학식이 깊은 사람들조차도 관능적인 향락에 끌림을 피할 수 없다. 말초 감각이 주는 즐거움에 마음을 빼앗긴 사람이 그 어떤 잘못된 행동도 저지르지 않겠다고 약속할 수 있겠는가?

죄를 저지르는 군주를 눈뜬 봉사라고 부른다. 군주의 친구들은 겸손이라는 세안제를 처방하여 봉사가 된 군주의 눈을 치료하는 외과 의사의 역할을 해야 한다.

군주가 열정, 자부심과 오만함에 눈이 멀어 적이 설치한 올가미에 빠져들었을 때, 장관들은 그를 구하기 위해 작은 힘이라도 보태면서 최선을 다해야 한다.

코끼리가 격분하면 코끼리 몰이꾼이 질책을 받는 것처럼, 군주가 오만함에 사로잡혀 잘못된 길로 들어서면 그 신하들에게 책임이 있다.

제국은 그 토양이 비옥할 때 번성하며, 제국이 번성할 때 군주도 번성한다. 따라서 군주는 자신의 번성을 위해서라도 제국의 토양을 가능한 한 비옥하게 만들기 위해 노력해야 한다.

농산물, 임산물, 광물, 무역 상품이 풍부하고, 목축할 수 있는 초지가 널려있고, 코끼리를 기를 수 있는 울창한 숲이 있으며, 농사를 지을 수 있는 수자원이 풍부하고, 내륙의 교통로가 발달된 자연이 주는 천혜의 혜택을 누리면서, 선량한 백성과 경건한 종교인들이 삶을 영위하는 넓은 땅을 보유한 군주가 강성한 부국을 건설하는 데 유리하다.

무덤과 돌 더미가 가득하고, 숲은 가시와 넝쿨로 덮여 있고, 메말라 있고, 야수들이 들끓고, 타락한 자들이 사는 그러한 땅은 확보할 가치가 없는 땅이다.

생계유지가 어렵지 않고, 토양이 비옥하며, 관개가 잘 되며, 산자락에 위치해 있으며, 수드라와 상인 그리고 장인들이 많이 거주하고, 농부들과 가장들은 진취적이며 정열적이고, 통치자에게는 충성을 다하고, 적에게는 적개심이 충만하며, 재원 보충을 위한 중과세에도 큰 불만이 없으며, 광활한 지역에 다양한 외국에서 온 사람들로 넘쳐나고, 부유하고 신앙심이 독실한 사람이 살고, 목축이 발달했으며, 대중적인 지도자들이 어리석지 않은 그러한 지역은 최상의 땅이다. 군주는 모든 수단을 강구하여 그러한 지역을 확보하고, 번영을 위해 적극적으로 노력을 해야 한다. 이렇게 하면, 국가를 구성하는 다른 요소들 또한 번성할 것이다.

군주는 지역이 광대하고, 넓은 도랑으로 둘러싸이고, 높고 거대한 성벽의 구축이 가능한 험준한 산악, 산림 그리고 사막에 의해 보호되는 요새화된 성채에서 거주해야 한다.

군주는 악천후의 영향을 거의 받지 않으며, 식량과 재화가 가득 차 있으며, 물을 충분히 공급받을 수 있는 성채를 보유하고 있어야 한다. 이러한 성채가 없는 군주는 태풍에 흩어져 버리는 조각구름과 같이 불안정하다.

물이 풍부하고, 언덕과 나무들이 빽빽하게 섞여 있고, 사막과 건조한 토양에 위치하며 축성기술이 뛰어나고 통치학에 정통한 사람들에 의해 지어진 성채는 난공불락이다.

식량과 물, 무기, 그리고 다른 전쟁물자들이 충분하고

방어 준비가 잘 되어 있으며, 맡은 바 소임을 다하는 군사들이 수비하는 성채가 최상이라고 일컬어진다.

육상 및 수상으로 접근할 수 있고, 적에게 포위될 경우에 황족에게 피난처를 제공할 수 있는 성채가 번영을 희구하는 군주가 머무르기에 적합한 곳이다.

재물은 광범위하게 수집하며, 지출은 최소화해야 하는 재무부는 군주가 완전히 신뢰할 수 있는 관료가 관장하도록 한다. 재무부의 창고는 정당하게 획득을 했고, 변하지 않는 가치를 지닌 금, 진주, 보석과 같이 우아하고 값어치가 있어 신에게 공물로도 바칠 수 있는 귀중품으로 가득 차 있어야 한다. 이러한 재물을 사용한 후에는 사용한 만큼이 다시 채워져야 하며, 사용은 재무관리의 재능이 뛰어난 관료의 승인을 얻어야 한다.

보유하고 있는 재화는 신에게 경배를 위해, 자신의 부를 증진시키기 위해, 위험에 처할 경우에 대비하거나 식솔을 유지하기 위해 잘 보존되도록 해야 한다.

선대로부터 물려받았고, 철저히 복종하며 훈련이 잘되고, 단결되어 있으며, 보수를 충분히 받고 있고, 용감하고 씩씩하며, 모든 종류의 무기를 능숙하게 다루며, 전술적 식견이 탁월한 자가 지휘하며, 제반 장비를 갖추고 있고, 다양한 유형의 전쟁을 수행할 수 있도록 훈련되고, 전사들이 조직화 되어 있고, 승리를 위한 종교의식을 마친 코끼리 및 말의 무리와 함께 있고, 외국과 험한 지형에 익숙하며, 전장에서 물러설 줄을 모르고, 어떤 경우이든 동요하지 않는 크샤트리아 계급으로 구성되어 있는 그러한 군대를 통치자는 원한다.

군주는 유명하고, 언변이 뛰어나고, 자애롭고, 학식이 높으며, 공정하고, 많은 무리를 거느리고 있으며, 미래에도 변함없이 믿을 수 있는 상대와 동맹을 맺어야 한다.

마음이 순수하고, 태생이 고귀한 통치자가 지배하는 국가와의 동맹은 커다란 위험에 처했을 때 독창적으로 위험을 극복하는 다양한 방법을 제시한다.

조상을 잘 섬기고, 차분하며 물러서지 않으며, 깊은 통찰력이 있고 자비로우며, 거만하지 않은 통치자가 동맹을 맺을 수 있는 이상적인 혈족이다.

먼 거리임에도 불구하고 직접 와서 따뜻하게 영접하거나, 진심이 담긴 표현을 하거나, 따뜻한 환대를 하는 것과 같은 3가지는 친구를 사귀는 방법이다.

정의(Virtue), 부(Wealth), 기쁨(desire)은 우정의 산물이다. 현명한 사람은 이러한 3가지가 부족한 우정을 쌓지 않는다.

진정한 우정은 강과도 같아서 시작할 때는 얕으나, 중간은 깊고, 점점 넓어지며, 결코 멈추지 않고 영원히 흐른다.

친구는 출생, 상호간의 관계, 선대가 약속한 의무의 이행, 위험으로부터 방호와 같은 4가지로부터 생겨난다.

청렴, 유혹의 극복, 적극성, 동고동락, 충성, 창의성, 진실성과 같은 요소들은 동맹의 필요 요건이다.

요약하면, 친구의 이익에 대해 변함없이 기여하는 것이 친구로서 갖추어야 할 기본 요건이다. 이러한 요건을 갖추지 않은 사람을 친구로 삼아서는 안 되며, 이러한 사람에게 자비를 베풀어서는 안 된다.

지금까지 국가 구성요소 7가지에 대해 설명하였다. 그 중 핵심은 재화와 군사이며, 이들 요소들을 탁월한 장관들이 효율적으로 관리하도록 하면, 군주는 영원한 트리바르가(Trivarga, 역주: 정의, 부, 기쁨)를 누릴 수 있을 것이다.

정신적 원리가 물질과 결합하여 이 세상에 존재하는 것처럼, 군주는 자신의 백성들과 함께하면서 이 세상 모든 곳으로 영역을 확장해 나가야 한다.

백성들이 진심으로 존경하면서 섬기는 군주는 자신의 왕국을 완전하게 방호해야 한다. 왕국의 복지를 증진시킴으로써, 군주는 번영과 발전의 정점에 도달하도록 노력해야 한다.

충성스러운 백성이 있고, 충분한 자질을 겸비한 군주가 이상적이다. 이러한 군주는 바람이 티끌을 쓸어 버리듯, 전장에서 적들을 쓸어버릴 수 있다.

V. 주종 관계

자신의 생계를 타인에게 의존하는 사람은 천당에 있는 칼파(Kalpa, 역주: 인도의 신화에 나오는 모든 소원을 들어준다는 나무) 나무와도 같은 군주와 용역계약을 맺어야 한다. 이러한 용역계약을 이행해야 하는 군주는 자신의 백성으로부터 존경을 받는 성품을 구비해야 하며, 백성에게 나누어 줄 충분한 재화를 보유하고, 자신의 책무를 다하기 위해 공헌해야 한다.

군주는 백성과 재물을 다 잃는다고 할지라도 군주로서의 성품과 갖추어야 할 덕망을 잃지 않아야 한다. 그렇게 한다면, 오래지 않아 명예로운 삶이 회복될 수 있을 것이다.

현명한 사람은 가치 없는 것에서 삶을 유지하는 수단을 찾기보다는, 가지 없는 나무처럼 움직이지 않으면서, 가혹한 굶주림을 참아내야 하는 가치 있는 삶을 추구한다.

품성이 바르지 않고, 공정하지 못한 군주도 정점에 가

까운 번영을 구가할 수 있겠지만, 분명한 점은 전성기가 도달하기 전에 파멸에 직면한다는 것이다.

군주의 책무 수행에 발을 들여놓은 이상, 업무에 능통하고, 확신이 넘치며, 멈칫거리지 않고 자신의 올바른 주관적 판단으로 의사결정을 하는 군주가 그 권좌를 영원히 유지할 수 있다.

사람은 현재와 미래에 만족을 가져올 수 있는 삶을 선택해야 한다. 사람은 세상이 싫어하는 삶을 살아서는 안 된다(역주: 카스트가 부여한 계급에 맞는 삶을 살아야 한다는 것을 의미한다).

참깨 씨앗과 참파카(Champaca, 역주: 향수의 재료로 쓰이는 향기를 지닌 노란색 꽃이 피는 식물) 꽃을 함께 보관하면, 참깨 씨앗에서 참파카의 향기가 난다. 그러나 참깨 씨앗을 눌러 짠 기름의 냄새까지 앗아 갈 수는 없다.

달콤한 물줄기(역주: 힌두교에서는 갠지스강의 물을 신성시하며, 그 물맛 또한 달콤한 것으로 종종 묘사한다)라고 할지라도 바다로 흘러들게 되면 염분 때문에 마실 수 없다. 이런 예가 잘 설명해 주듯이, 현명한 사람은 사악한 사람이나 영혼이 순수하지 못한 사람과는 결코 교류를 해서는 안 된다.

많은 어려움에 짓눌려 있을지라도, 현명한 사람은 삶을 살아감에 있어 명예롭지 않은 어떠한 것도 가까이 하지 않아야 한다. 그러한 삶을 살아야 존경을 받으며, 현생은 물론 다음 생애에서도 쫓겨나지 않는다.

　산을 보려고 하는 사람이 그 뿌리가 깊고, 웅장하고, 신성하며 널리 알려져 셀 수 없이 많은 수도승들이 살고 있는 빈디야 산맥(Vindhya, 역주: 인도의 중부에 위치한 산맥으로 이 산맥을 기점으로 북인도와 남인도로 구분된다)으로 가듯이, 성공적인 삶을 살아가려는 사람은 그 자신이 호감이 가는 풍모를 갖추도록 노력하면서 신이 부여한 쓰임새에 맞도록 행동을 해야 한다. 그렇게 할 때에, 그 사람은 덕망이 있으며, 반듯하다는 평판을 얻게 되고 칭송도 자자하게 되어 신앙심이 돈독한 사람까지도 자발적으로 봉사하려는 마음을 갖게 될 것이다.

　아무리 성취하기 어려운 것일지라도 끊임없이 인내심을 갖고 노력하는 사람은 목표를 달성한다. 목표를 달성하기 위해서는 항상 근면하고 성실하게 노력해야 한다.

　군주에 의탁하여 군주의 통치를 보좌하는 사람은 반드시 학식과 겸손 그리고 모든 분야의 예술에 대한 지식을 기본적으로 갖추어야 한다.

　지체가 높은 주군을 모시기 위해서는 좋은 가문 출신으로 학식, 훌륭한 성품, 후덕, 용기와 절제를 갖추고, 선천적으로 친근한 외모, 차분, 완력, 건강, 강한 의지, 정직, 친절함을 타고 나야 하며, 악의, 배반, 분란, 교활, 탐욕과 거리가 멀어야 하며, 마지막으로는 강퍅한 고집이나 변덕과는 담을 쌓은 사람이어야 한다.

총명, 신사다움, 지조, 관용, 고통의 인내, 쾌활, 불굴의 용기는 군주를 보좌하는 사람이 갖추어야 할 부수적인 요소로 일컬어진다.

군주를 보좌하려고 하는 사람은 이러한 모든 요소들을 갖추고, 금전적인 문제에서 아무런 흠결이 없는 가운데 스스로 정진을 하면서 군주의 신임을 얻기 위해 노력해야 한다.

일단, 궁정으로 나갈 기회를 얻게 되면, 단정한 옷을 입고, 안내자가 인도하는 자리에 앉은 후 적절한 시점에 군주에게 공손하게 인사를 드린다.

그는 다른 신하들의 의자나 자리를 차지하면 안 되고, 불량한 자세도 안되며, 시기하는 모습도 절대로 보이지 말아야 한다. 또한, 연령이나 직급 또는 지식적인 측면에서 자신보다 위에 있는 사람과 담론을 펼치거나 불경스런 자세로 반박하는 행위 등은 절대로 하지 않아야 한다.

그는 핑계, 권모술수, 기만 그리고 절도를 해서는 안 된다. 그는 군주의 아들이나 수행원들에게도 순종해야 한다.

그는 군주의 어릿광대들에게도 불쾌한 어떤 말도 하지 않아야 한다. 그렇게 한다면, 어릿광대들은 대중이 모이는 자리에서 그를 풍자의 소재로 삼아 곤경에 빠뜨릴 것이다.

군주와 근접한 곳에 자리를 잡게 되면, 시선을 이리저리 돌리는 것이 허용되지 않으며, 군주의 용안에 시선을 고정시키고, 군주가 원하는 것이 무엇인지를 살펴야 한다.

군주가 '거기 누구 있느냐?'라고 하문하면, 신하는 '폐하, 대기하고 있습니다. 명령을 내리소서.'라고 재빨리 응답해야 한다. 또한, 군주가 하명한 사항에 대해서는 지체 없이 모든 능력을 발휘하여 효과적으로 완수해야 한다.

군주의 면전에서 가래를 뱉는 행위, 기침, 큰 웃음, 하품, 기지개, 그리고 손가락으로 소리 내는 행동을 삼가 해야 한다.

군주가 원한다면, 독심술에 능한 사람들한테는 용인하는 예의로 군주가 진정으로 원하는 바를 파악하기 위해 군주에게 시선을 고정시키고 분명하게 발언을 해야 한다.

회의 시 장관들 간에 논쟁이나 토론이 있을 경우, 군주가 지명하여 발언을 요청할 때에만 해당 주제에 대해 전문가로서의 식견을 발표하되, 어떠한 경우든 단정 짓지 말고 논쟁의 여지가 있다는 결론을 내려야 한다.

어떤 주제에 대해 소상히 알고 있을지라도, 분별력 있는 신하는 군주를 침묵하도록 하는 말을 해서는 안 된다. 유창하게 말을 잘한다고 해도, 그런 경우는 자기만족에 지나지 않는다.

그는 가급적 아는 것이 매우 적은 것처럼 자신이 아는

바를 말해야 한다. 그러면서도, 자신의 행동으로 자신의 지식이 탁월함을 보여 주어야 한다.

군주의 안위를 진정으로 걱정한다고 할지라도 군주가 정도에서 벗어날 때, 급박한 비상사태, 특정한 행동을 하지 않으면 천재일우의 기회가 무산될 경우에만 주제넘은 조언을 군주에게 한다.

신하들은 상냥하고, 공손하며, 진실된 단어만을 말하며, 믿을 수 없는 내용이나 외설적이거나 상스럽거나 귀에 거슬리는 것에 대한 언급은 피해야 한다.

시간과 장소를 적절히 활용할 줄 아는 신하는 우호적인 다른 사람들에게 유리하도록 하는 것은 물론, 능란한 솜씨로 그러한 지식을 자신의 이익 증진에도 활용해야 한다.

그는 군주와 비밀을 지키기로 약속한 회의 내용과 방책을 성급하게 누설하지 않아야 한다. 군주의 폐위나 죽음에 대해서는 티끌만큼도 마음속에 간직해서는 결코 안 된다.

그는 여인네들과 긴밀한 관계를 맺고, 음탕하게 쳐다보는 원죄를 짓는 악마 같은 사람들과 적대국 군주의 특사와 친분이 있는 사람과 만나는 것을 피해야 하며, 그들을 위해 봉사하는 것에도 관심을 두지 않아야 한다.

그는 군주의 습관이나 복식을 결코 모방하려 하지 않아야 한다. 현명한 신하는 자신에게 설사 군주의 자질이 있다고 할지라도 군주를 흉내 내려는 시도를 결코 하면 안 된다.

신하는 표정이나 신호를 이해하고 전문가 수준에서 몸짓이 무엇을 의미하는지를 파악할 수 있어야 한다. 특히, 군주의 제스처, 외모와 신호 등으로 자신에 대한 그의 내부 감정, 연민, 반감 등을 느낄 수 있어야 한다.

군주가 신하에 대해 만족하면, 신하를 보았을 때 기쁜 표정을 짓고, 조언을 흔쾌히 받아들이며, 자신의 옆에 앉도록 좌석을 권하고, 건강 등을 묻는다.

또한, 군주는 한적한 장소에 신하와 동행하는 것에 두려움을 느끼지 않으며, 비밀스러운 거래도 맡긴다. 또한, 그 신하와 관련 대화나 수행하는 일과 관련된 사항을 의도적으로 청취한다.

군주는 다른 사람들이 그 신하를 칭송할 때 자부심을 갖게 되고, 그에게 행운이 따르고 있음을 축하해 준다. 군주는 다른 사람과 대화할 때도 기쁨에 넘쳐서, 그 신하의 훌륭한 자질을 극찬한다.

군주는 신뢰하는 신하들에 대해서는 그들의 건의가 다소 만족스럽지 못해도 인내심으로 경청하며 질책도 가급적 삼간다. 이에 더하여 군주는 신하의 건의에 따라 행동하고, 훌륭한 조언에 대해서는 포상을 한다.

한편으로, 못마땅한 신하들이 있을 때 군주는 그들이

가치 있는 업무를 수행했다고 해도 그들에 대해 차별대우를 한다. 군주는 그러한 신하들이 이룬 것은 다른 기관의 도움이 있었기 때문이라고 공을 돌린다.

군주는 못마땅한 신하에 대해서는 그 신하와 경쟁 관계에 있는 자의 편을 들며, 그가 적대자에 의해 굴욕을 당하도록 하고 외면한다. 군주는 그러한 신하들이 수행해야 할 임무가 있을 때, 그들로 하여금 용기를 북돋워 주어 완료하도록 한다. 그러나 임무를 완료한 다음에 결코 그들을 칭찬하지 않는다.

군주가 그러한 신하에게 비록 달콤한 말을 한다고 하더라도, 사실상 신하가 이를 받아들이기에는 대단히 어려울 것이다.

즉, 군주가 신하를 비록 칭찬하는 것처럼 보여도 사실상 못마땅해 한다는 것이 내포되어 있기 때문이다.

군주는 의도적으로 그러한 신하에게 분노를 표출하기도 한다. 군주가 신하의 언행에 짐짓 기뻐하는 듯 보이기도 하나, 이는 진정한 모습은 아니다. 때때로 군주는 갑자기 신하에게 말을 걸거나, 다가가거나, 힐끗 쳐다보는 등의 행위로 겁박하기도 한다.

군주는 그러한 신하를 단칼에 베는 듯한 말을 하거나, 조롱하는 웃음을 보이기도 한다. 군주는 신하에게 누명을 씌우거나, 아무런 이유도 없이 신하의 생계수단을 박탈하기도 한다.

군주는 그러한 신하가 아주 옳게 언급한 사항에 대해서도 모순됨을 지적하거나, 때때로 갑자기 동의하지 않는 모습을 보이거나, 아무런 이유 없이 연설을 중간에서 멈추게 하기도 한다.

군주가 침대에 누워있을 때, 그러한 신하가 간청을 하면 짐짓 자는 척한다. 신하의 간청을 못 이겨 잠에서 깨었다고 할 지라도, 마치 꿈을 꾸는 듯한 행동을 한다.

위에서 열거한 사항들이 신하에 대해 흡족 또는 불만족스런 신하를 대하는 군주의 특성이다. 신하는 자신에 대해 흡족해하는 군주에게 생계를 의탁하고, 불만족스럽게 여기는 군주로부터는 떠나야 한다.

신하는 위험이 닥쳤을 때, 설사 군주가 쓸모 없이 되었을 지라도 절대로 그를 버려서는 안 된다. 위기 상황에 주군 옆을 굳건히 지키고 있는 신하보다 더 칭찬받을 사람은 없다.

태평성대의 시기에는 신하들의 충직성과 같은 특성들은 잘 드러나지 않는다. 그러나 위험이 닥쳤을 때, 책무를 다하는 이러한 신하들에게 커다란 영광이 함께 한다.

위대한 사람을 위해 선을 행하는 자는 그 행위에 대해 자부심을 가져야 하며, 크게 대수롭지 않은 행위라고 할 지라도 군주는 매우 기뻐할 것이며, 적절한 시기에 보상이 뒤따를 것이다.

군주의 친구, 친척 그리고 신하들의 합당한 의무는 그가 샤스트라에 반하는 행위를 하려는 것을 단념시키고, 샤스트라에 적합한 행위를 하도록 설득하는 것이다.

군주의 주변에 있는 신하들은 군주가 과음, 여색 그리고 도박이라는 악덕에 빠지지 않도록 옛날의 교훈과 도덕경과 같은 수단을 참고로 하여 눈을 크게 뜨고 지켜보아야 한다. 이러한 노력에도 불구하고, 군주가 악덕에 빠지게 되면 설득이나 다른 방안 등을 동원해야 한다.

군주가 악덕에 빠지는 것을 소홀히 지켜보는 바보 같은 신하들은 자신들의 군주와 함께 파멸의 길로 들어서는 것을 피할 수 없다.

군주인 주군을 위해, 신하들은 군주를 칭할 때 '군주에게 승리가', '황제 폐하 만세', '나의 주군이시어', '나의 신이시어' 등과 같은 용어를 사용해야 한다. 군주의 명령이 떨어지면, 신하들은 그가 흡족할 수 있는 조치를 취해야 한다.

주저하지 않고 군주가 원하는 바를 따르는 것은 모든 신하들의 지고한 책무이다. 도깨비들조차도, 군주가 원하는 바를 즐겁게 이행하는 신하들에게 복을 내린다.

지혜를 타고난 고귀한 영혼, 공평한 마음과 정열이 넘치는 사람에게 어떤 어려움이 있겠는가? 이 세상에 타인에게 기쁨을 주며, 공손하게 말하는 사람에게 적대시할 사람이 있겠는가?

게으름뱅이로 꿈이 없으며, 일자무식으로 아무런 가치가 없는 아들에 대해서는 그를 낳은 어머니조차도 그러한 아들이 어려움에 처해도 돕지 않고 외면할 것이다.

주군인 군주의 넘치는 번성은 학식과 학문이 풍부한 신하가 전적으로 그에게 봉사할 때 성취된다.

선현들은 주군인 군주가 못마땅해 하는 신하일지라도 군주에게 유익한 충언을 해야 한다고 말한다. 선현들이 언급한 사항을 충실히 이행하면, 군주의 환심을 살 수 있을 것이다.

구름과 비의 신인 파르자니아(Parjanya, 역주: 지상에 비를 내리게 함으로써 만물에 활기를 불어넣는 힌두교의 신)처럼, 세상의 군주는 모든 생명체가 살아가는 근원이 되어야 한다. 그렇게 하지 못하면, 새떼가 시든 나무를 떠나는 것처럼, 백성들도 군주에게서 멀어질 것이다.

백성은 고귀한 혈통, 덕행 그리고 영웅적 행동과 같은 것들을 장관에게서 바라지 않는다. 백성이 원하는 것은 천한 혈통이고 비열한 행동을 하더라도, 자비롭고 개방된 사람에게 끌리게 되어 있다.

부의 여신인 락시미(Lakshmi)보다 세상의 모든 것에 더 관계되어 있는 것은 없다. 사람들은 곳간이 넉넉하고 군사력이 강한 군주에게 의탁을 하게 되어 있다.

전사자에게는 적들도 경의를 표하는 것처럼, 사람들은 지체가 높고 부를 누리는 사람으로부터 쓰임 받기를 원한다.

생계유지 수단을 획득하기 위해 투쟁하는 세상의 모든 생명체들은 원기 왕성하게 번영하는 군주에게 다가간다. 송아지조차도 젖이 마른 어미 소에게는 다가가지 않는다.

일정한 기간이 경과하면, 군주는 신하들이 수행하는 업무의 정도에 비례하는 보수를 주어 의욕을 고취시켜야 한다.

군주는 특정한 인물, 장소, 시간에 대해 전해져 오는 금기 등의 관습을 폐지해서는 안 된다. 이를 폐지할 경우, 불명예와 불이익이 부메랑이 되어 돌아올 수 있기 때문이다.

군주는 자격이 없는 자에게 자신의 부를 낭비해서는 안 되며, 그러한 행위는 현자들로부터 비난을 받게 된다. 가치 없는 대상에게 부를 쏟아 부으면, 소득 없이 국고만 낭비할 뿐이다.

고결한 군주는 자신의 취향에 맞는 태생이 고귀하고, 세 가지 학문 분야에 능통하고, 샤스트라에 대한 전문 식견이 있고, 용감하며, 행동이 바르고, 경력이 있으며, 시대와 상황에 부합되는 사람이 되기 위해 부단히 노력하는 사람을 선발해야 한다.

군주는 고귀한 태생이거나, 현명하거나, 올바른 행동을 하는 사람을 결코 경멸해서는 안 된다. 그들은 자신의 명예를 지키기 위해 자신을 경멸하는 사람을 살해하거나, 일언반구 없이 떠나버릴 수 있기 때문이다.

군주는 태생이 하잘것없거나 낮은 계급의 신하라고 할지라도, 탁월한 자질을 타고나면 진급을 시켜야 한다. 이들은 훌륭하게 되기 위해서, 보상의 여부와 관계없이 자신이 모시는 군주의 번영을 위해 각고의 노력을 기울이기 때문이다.

군주는 고귀한 태생의 사람과 비천한 태생의 사람을 동등하게 진급시켜서는 안 된다. 비록, 고귀한 태생의 사람은 지금은 나약할지라도, 훗날 군주가 피난처로 의탁할 수 있는 대상이기 때문이다.

우리가 살고 있는 세상이 어둡고 캄캄할지라도, 현자는 같은 불빛 아래서 반짝이는 보석을 수정으로 여기지는 않는다.

천수를 누리며 칭송 받고, 번영을 이룬 군주는 자신을 따르는 신앙심 깊은 추종자들이 칼과 나무의 그늘 아래에서 휴식을 취하는 것과 같이 편안함을 가져다 준다. 번영은 신앙심 깊은 사람이 누릴 때 진정으로 가치가 있다.

군주의 친구와 친척이 마음속에서 우러나는 깊은 만족

감을 즐기지 못한다면, 모두를 웃음 짓게 하는 태평성대가 무슨 소용이 있겠는가?

군주는 정직성이 검증된 자신의 친척을 다양한 수입원의 관리자로 임명한다. 그들의 도움을 통해 군주는 광택이 나는 여의주가 내뿜는 광선으로 수분을 빨아내듯이 세금을 거두도록 해야 한다.

군주는 모든 국가사업에 대해 이론 및 실제에 밝고, 정직성이 검증되었고, 수하에 예술품을 똑같이 모방하거나 제작할 능력을 갖춘 사람을 두고 있고, 열정이 넘치는 사람을 국가사업을 총괄하는 직책에 임명해야 한다.

특정한 분야에 재능이 있는 사람은 그 분야에만 종사하도록 해야 한다. 이는 특정한 감각이 여러 가지의 감각을 느낄 수 있는 대상 중에서 특정한 감각에만 반응하는 것과 동일한 이치이다.

군주는 자신의 운명이 달려있다고 해도 과언이 아닌 곳간을 특별히 관리해야 한다. 군주는 곳간의 재물을 낭비하면 안 되며, 곳간은 몸소 확인해야 한다.

농업 생산성 제고, 상업을 위한 교통로 건설, 수도에 군사용 거점 구축, 강을 가로지르는 교량과 댐의 건설, 코끼리 사육을 위한 울타리 설치, 광산과 채석장의 개발, 목재의 벌목과 판매, 황무지 개간 등은 수입을 8배 증대시키는 수입원으로 군주는 이를 장려해야 한다. 신하들도 군주의 노력에 동참해야 한다.

군주가 특정 업무에 대해 잘 알지 못한다면, 전문가인 신하들이 수행하는 업무에 간섭하지 말고 격려해 주어야 한다. 특히, 무역에 종사하는 계층에 대해서는 후견인이 되어 주어야 한다.

풍성한 수확을 거두려는 농부가 들판에 가시나무로 울타리를 치고, 그것을 무너트리려는 도둑이나 야생동물을 물리치기 위해 곤봉을 자유롭게 사용하는 것처럼, 군주는 제국을 방호하기 위해 적이나, 야만인, 도둑 그리고 약탈자에게 징벌을 가해야 한다. 이렇게 보호함으로써, 제국의 백성들은 태평성대를 누리게 된다.

백성들에게는 다섯 가지의 두려운 요소가 있으니 이는 관료, 도둑, 적, 군주의 첩, 군주의 탐욕이 그것이다.

이러한 백성들이 두려워하는 다섯 가지를 물리침으로써 군주는 백성들로부터 적시에 돈과 곡식 등을 거둘 수 있어 트리바르가(Trivarga, 역주: 정의, 부, 기쁨)를 증진시킬 수 있다.

암소에게 영양분을 공급하고 잘 관리한 다음 우유를 얻듯이, 백성에게도 어떤 시기에는 식량과 돈을 제공해야 다른 시기에 세금을 부과할 수 있다. 꽃을 가꾸는 사람은 화초에 물을 주고 가꾸어야, 때가 되면 채화할 수 있다.

외과 의사가 부풀어 오른 종양을 절개하여 피고름을 짜

내듯이, 군주는 불법적으로 축적한 모든 부를 피고름처럼 짜내야 한다. 이렇게 불법적인 이익을 박탈함으로써, 불법을 저지른 자가 군주 옆에 있는 것은 마치 뜨거운 불 옆에 서있는 것처럼 느껴지도록 해야 한다.

군주에게 해를 가하는 어리석고 못된 가련한 사람은 램프의 불꽃에 몸을 던지는 나방과 다를 바가 없다.

군주는 재정관리 능력이 있는 믿을 만한 사람으로 하여금 제국의 재화를 증대시키는 노력을 하도록 독려한다. 군주는 적절한 시기가 되면 트리바르가의 구현을 위해 이러한 재화를 사용해야 한다.

군주가 종교적 목적에 재화를 사용하여 곳간이 비워지는 것은, 가을의 달이 천체에 의해 조금씩 먹혀드는 것과 같은 자연현상이어서 비난 받을 행위는 아니다.

브리하스빠티(Vrihaspati) 학파의 통치학에 대한 출발점은 '의심하라'는 것이었다. 그러나 의심을 하더라도 그러한 의심이 어떤 경우이든 업무를 방해하지 않아야 한다.

군주는 자신을 신뢰하지 않는 사람에게는 신뢰감을 심어 주어야 하며, 이미 신뢰가 형성된 사람은 기고만장해지지 않도록 해야 한다. 군주가 신뢰를 하게 되면, 신하는 목숨을 걸고 충성을 한다.

인간의 마음은 현재의 상태가 어떠하든지 간에 일정한 성공을 거둔 것으로 생각하기 때문에 변화에 대해 항상 민감하다. 따라서 성공을 평가할 때는 요가의 수행자가 세상의 관심사를 한 걸음 물러서서 보듯이 차분하게 다른 각도에서 살펴봐야 한다.

위에서 언급한 여러 가지의 마음가짐으로 정진하는 군주에게 영광은 오랫동안 지속되고, 군주에게 의탁하는 사람들은 전적으로 군주에 순종하며, 만족감을 느낀다. 백성들은 군주의 인자한 말씀과 친근감 있는 행동에 마음을 열게 되고, 군주의 친인척을 전적으로 신뢰하여 제국을 다스리는 과업에 적극적으로 동참하게 된다.

VI. 눈엣가시 제거

샤스트라와 경전을 완전히 섭렵하였고 능력이 넘치는 신하의 보좌를 받는 군주는 자신의 구상이 내부 및 외부 국가들의(역주: 내부 및 외부 국가에 대해 명확히 설명된 자료를 찾아볼 수는 없으나, 문맥상 내부국가는 군주가 직접 통치하는 수도권의 국가이며, 외부국가는 왕족 등에게 위임하여 통치하는 원거리에 있는 제후국인 것으로 보인다) 행정부에서 실제로 적용되도록 칙령을 내려야 한다.

내부 국가는 군주 자신의 신체이며, 외부국가는 그가 다스리는 영토이다. 이러한 내부국가와 외부 국가들 간 상호 지원 관계를 유지하는 결과로, 이들 국가는 여러 분야에서 동등한 수준을 유지하는 것으로 간주된다.

제국의 힘을 구성하는 다른 모든 구성 요소의 성장은 통치하는 영역이 얼마나 광대한가에 달려있다. 따라서 군주는 모든 노력을 다하여 영토를 획득하고 관리해야 한다.

 백성을 보호하기 이전에 군주는 자신의 신체를 우선적으로 보존해야 한다. 군주의 지고한 사명은 백성을 보호하는 것이나, 자신의 신체는 지고한 명을 완수하는 직접적인 도구임을 명심해야 한다.

 군주는 사도가 신을 경배하기 위해 동물을 희생시키듯이, 정의 구현을 위해 죄지은 자에게 고문을 가할 수 있다. 그러나 고문은 불경스런 악한을 죽음에 이르도록 할 수 있기 때문에, 군주는 살상이라는 원죄를 짓는 우를 범하지 않아야 한다.

 합법적인 수단으로 부를 증대시키고, 정의를 지키는 것에 노심초사하는 군주는 자신이 가고자 하는 길을 가로막는 신하가 있다면, 그를 찾아가서라도 설득을 해야 한다.

 법령의 제반 조항에 해박한 사람에 의해 행정이 집행되는 것은 정의이며, 이러한 사람들이 반대하는 데에도 행정이 집행되는 것은 정의가 아니다.

 정의와 불의가 무엇인지를 잘 알고 있고, 경전의 가르침을 소중하게 여기는 군주는 자신을 따르는 신하들은 귀하게 여기고, 이러한 신하들의 적은 곧 군주의 적으로 여겨 제거해야 한다.

 따라서 개별적 또는 집단적으로 제국의 권위를 공격하는 원죄가 있다고 하면, 이들은 총신이라고 할지라도 죄인으로 간주해야 한다.

공공의 선을 저해하는 악한들은 즉각적으로 기소한 후에, 지체하지 않고 비밀리에 처단한다.

군주는 정적(또는 적대자)을 한적하고 비밀스러운 방으로 초대하고, 그가 지정된 방에 들어올 때 군주로부터 이미 지시를 받은 허드렛일을 하는 하인들이 무기를 감추고 함께 입장하도록 한다.

그때 방을 지키는 문지기는 방으로 들어서는 하인(군주에게 충직한)들을 의심하여 몸수색을 한다. 그러면, 무장한 하인들은 자신들이 군주를 처단할 목적으로 잠입한 정적에 의해 고용되었다고 거짓으로 밝힌다.

이와 같이 정적들에게 범죄의 누명을 씌워 정부에 반하는 눈엣가시를 뿌리 뽑아, 신하들 간에 신뢰를 높이고 즐겁게 업무에 정진하는 분위기를 만들어야 한다.

연약하고 어린 모종을 적시에 적절한 양분을 주면서 보살피면 풍성한 수확을 가져오는 것과 같은 방식으로 군주는 신하를 다루어야 한다.

죄에 비해 무거운 벌을 내리면 군주를 두려워하게 되고, 가벼운 벌을 내리면 군주를 가볍게 여긴다. 따라서 죄에 합당한 벌을 공정하게 부과해야 한다.

VII. 군주 자신과 왕자의 안위

군주는 자신은 물론 신하들의 안녕을 위해서도 왕자들을 적절한 통제하에 두어야 한다. 만약, 왕자들을 방치해 두면, 권력과 향락을 추구하는 왕자들은 아버지인 군주를 살해할 수 있기 때문이다.

무엇으로도 막을 수 없는 자만심으로 가득한 왕자는 농양 때문에 쇠갈고리(역주: 코끼리 몰이꾼이 사용하는 도구)로도 통제가 안 되어 미쳐 날뛰는 코끼리와 같다. 이러한 왕자들은 자신이 군주가 되는 것이 하늘의 뜻이라고 생각되면, 아비는 물론이고 형제들까지 살해한다.

자만심의 불꽃이 활활 타오르는 왕자들은 사냥감의 냄새를 맡고 달려드는 호랑이와도 같아서 그들로부터 왕국을 지키는 것은 대단히 어렵다.

군주의 통제하에 있을지라도 이러한 왕자들은 자신들에 대한 통제가 조금이라도 느슨해지면, 그 틈을 타서 마치 사자 새끼가 조금이라도 방심하는 사육사를 물어뜯는 것처럼 군주를 살해할 것이다.

군주는 충직한 신하로 하여금 자신을 대신하여 왕자들에게 겸손을 가르쳐야 한다. 왕자들이 오만한 왕조는 쉽게 몰락한다.

군주는 품성이 탁월한 아들을 자신의 후계자로 기르고, 포악한 코끼리처럼 선과는 거리가 먼 행동을 하는 왕자는 향락의 늪에 빠뜨려 묶어 놓는다.

군주의 피를 이어받은 왕자가 절망적으로 타락했다고 해도 의절하면 안 된다. 이런 왕자가 적국과 결탁하여 자신의 아버지인 군주를 암살할 수 있기 때문이다.

과도하게 술, 여색 등의 타락에 빠진 왕자에 대해 군주는 그가 더욱 타락에 빠지게 하고, 고통을 주어 빠른 시간 내에 조상들 곁으로 가도록 해야 한다.

군주는 이동수단, 침대, 의자, 음료수, 음식, 의복, 장신구 등 모든 것에 대해 항상 주의를 기울여야 한다. 조금이라도 독극물이 묻어 있다는 의심이 드는 것들은 멀리해야 한다.

군주는 독성을 상쇄시키는 물에서 목욕을 하고, 주변 사람들에게는 독극물에 즉각 반응하는 장신구를 착용시키고, 독극물학에 정통한 의사가 철저히 검수한 음식물을 섭취해야 한다.

앵무새와 말바(Malbar)라는 새는 독사를 보면 소스라치게 놀라 괴로운 소리를 지른다.

독이 근처에 있으면 메추라기의 눈은 고유의 빛을 잃고 붉은색이 되며, 왜가리는 기절하며, 꿩은 미친 듯 도망친다.

독을 보면 모든 동물이 아뜩함을 느끼는 현상을 이용하여, 군주는 음식을 먹기 전에 독극물이 있는지를 점검해야 한다.

공작새나 돼지 사슴(porcine deer)의 배설물이 있는 곳에는 뱀이 살지 않는다. 따라서 군주는 거주지 주변에 공작새와 돼지 사슴이 자유롭게 돌아다닐 수 있도록 허용한다.

군주는 식사 전에 음식물을 먼저 불에 던져 보고, 새에게도 쪼아 먹도록 한 후에 관찰한다.

음식물에 독극물이 들어 있다면, 불꽃과 연기가 파란색을 띠고 탁탁 소리를 낸다. 독극물이 있는 음식을 쪼아 먹은 새는 즉사한다.

독극물과 혼합된 밥은 기름기가 없고, 중독성이 있으며, 쉽게 식고, 창백하며, 연청색의 김이 피어오르는 특징이 있다.

독극물에 오염된 카레는 국물이 없어지고, 김이 빠지며, 그것을 달이면 푸른색 포말을 내뿜고 향과 맛은 모두 파괴된다.

독극물이 혼합된 액체는 가벼운 듯 보이며, 그 표면이

밝고 줄무늬의 포말이 있다.

독에 중독된 유체는 대체로 파란 색조로 빛나며, 우유와 유제품은 구릿빛을 띤다. 포도주와 다른 중독된 음료 그리고 물은 나이팅게일 깃털의 색조를 띠며, 물 보조개는 파란색으로 변하고 둘레가 끊어지며 때로는 약간 올라가기도 한다.

수분이 함유된 모든 물질은 중독되면 금방 퇴색되고, 독극물에 오염된 물질은 달이지 않아도 수분을 빨아낸 듯이 색깔이 어두워진다.

수분이 함유되지 않은 물질을 독극물과 혼합해 놓으면 시들어지고, 변색 된다. 독극물이 묻었을 때, 매운맛은 순한 맛이 되며, 순한 맛은 매운맛을 띠게 된다. 독극물이 소수의 동물만 파괴한다고 누가 말할 수 있겠는가?

독극물이 묻은 담요와 양탄자는 검고 둥근 얼룩점이 생기고, 면 제품은 축 처지며, 모피 제품은 완전히 파괴된다.

독극물이 묻은 광물과 보석은 얼룩이 지고 변색되며, 광채, 중량, 색상 그리고 부드러운 촉감은 모두 사라진다.

창백한 안색, 말 더듬거림, 끊임없는 하품, 비틀거림, 흠뻑 땀을 흘림, 이유 없는 불안, 시선 미고정, 주변 산만, 집에 머물기를 꺼리는 등의 증상과 모습을 보이는 사람을 보면, 그러한 사람들은 상관을 배신하고 다른 사람을 독살하려 한다는 것을 알아차려야 한다.

군주는 약이나 강심제 등은 배석한 의료진에게 일부를 먼저 복용토록 한 후에 복용한다.

음료수나 음식은 자신에게 제공한 사람에게 먼저 맛을 보도록 한 후에 섭취한다.

군주를 보좌하는 여 시종은 화장실 물품들을 장관들이 검사를 한 후에 위치시켜야 한다.

무엇이든 출처가 불분명하거나 알 수 없는 사람이 제공하는 것은 군주에게 전달되기 전에 철저히 검사되어야 한다. 경호원들은 적은 물론 친구들로부터도 군주를 완전하게 보호해야 한다.

군주는 자신이 직접 철저하게 검사했거나, 심복이 권하는 교통수단을 사용해야 한다. 군주는 결코 알지 못하는 길이나 좁은 길을 통과하지 않아야 한다.

군주는 주변에 경호원을 항상 대동해야 한다. 경호원의 가족은 대대로 왕조를 위해 근무해온 사람의 후손으로 믿음직해야 하고, 경호원의 약점 등과 같은 비밀스런 사항에 대해 군주는 알고 있어야 한다.

군주는 원죄가 있는 자, 삐뚤어진 자, 잘못을 저지른 자, 추방당한 자, 그리고 적에게서 투항해 온 자들과는 거리를 두고 피해야 한다.

군주는 폭풍우가 몰려올 때나 이전에 본 적이 없는 승조원이 탑승하고 있는 배나 다른 배에 고정되거나 눌려 있는 배는 절대로 타서는 안 된다.

아주 무더운 날에 군주가 물속에 몸을 담그려 할 때는 반드시 친구들을 동반하고, 물속에는 물고기 떼나 악어 떼가 없고 맑은지를 직접 살펴야 한다. 또한, 제방은 반드시 자신의 군사들이 에워싸고 있어야 한다.

군주는 울창한 숲을 피하고, 경호원이 안과 밖을 철저히 점검한 공원에서 휴식을 취해야 한다. 휴식은 자신의 연령대에 맞도록 편안하게 시간을 보내야 하며, 관능적인 즐거움에 빠져서는 안 된다.

사냥 기량이 뛰어나고, 이를 즐기는 군주가 목표달성에 실패하지 않으려면, 잘 훈련되고 무장한 군사로 하여금 일정한 역할을 대신하여 수행하도록 하고, 사냥터인 숲은 접근이 용이하고 사전에 정찰을 시켜 이상이 없도록 하며, 그 외곽은 경호병력이 지키도록 해야 한다. 군주는 자신의 친모를 뵈려고 할 때도 사전에 모친의 거주지를 샅샅이 살펴보도록 하고, 거주지에 들어설 때에도 신뢰할 수 있는 무장병력이 수행하도록 해야 한다. 군주는 결코 좁은 곳이나 위험한 숲에서 머물러서는 안 된다.

흙먼지를 날리는 거센 폭풍이 불 때, 비를 잔뜩 머금은 검은 먹장구름이 하늘에 가득할 때, 태양 빛이 작렬할 때, 칠흑 같은 어둠이 깔렸을 때 등의 시기에는 비록 평화를 누리고 있다고 해도 군주는 결코 밖으로 다녀서는 안 된다.

군주가 궁정을 출입할 때, 대열은 웅장하게 보이도록 하고, 사방이 확 트여 있어 시야를 가리지 않는 큰길로 행차해야 한다.

군주는 축제나 행사대열에 합류하거나, 군중이 집결하는 곳에 가면 안 된다. 또한, 그러한 행사가 계획된 시간이 지나 파장될 때에, 군주는 행사장 근처에 접근하지 않아야 한다.

군주는 야간에 터번을 쓰고 갑옷을 입은 꼽추, 난쟁이, 내시 들이 수행을 하는 가운데 후궁의 거소를 드나들어야 한다.

후궁의 거소에 있는 정직한 시종들은 군주가 즐거워하는 바가 무엇인지를 잘 알고 예의 바르게 행동하며, 무기나 불, 독극물을 사용하지 않고 경호하여 군주가 즐거운 여가를 보낼 수 있도록 해야 한다.

군주가 후궁 내부에 머무를 때, 덕망이 있고 경호 분야 전문가에 의해 추천된 경비원들은 후궁의 거소에서 어떤 일이 발생하면 언제든 무기를 사용할 수 있는 태세를 항상 갖추고 있어야 한다.

덕망 있는 80대의 남자와 50대의 여자는 후궁을 출입하는 남녀 모두의 위생 상태와 위해 도구 소지 여부를 점검하고, 후궁에 소속된 시종들은 후궁 내의 청결과 후궁의 순결이 보장되도록 해야 한다.

창녀들이 군주 앞에서 춤을 출 때는 목욕을 하고, 옷을 갈아입고 깨끗한 장식과 꽃목걸이를 해야 한다.

후궁의 거처에서 일을 돕는 시종들은 마술사, 재담가, 창녀, 시인 등과 성관계를 갖지 않아야 된다(역주: 이들은 적에 의해 고용이 되어 있을 수 있어, 자칫 군주의 안위에 영향을 미칠 수 있기 때문이다).

후궁의 시종들은 자신들이 지니고 있는 소지품이 무엇인지를 경비에게 알려야 하고, 만일 질문을 받는다면 외출을 하는 이유가 무엇인지를 분명히 밝힐 수 있을 때 외출을 할 수 있다.

병마에 시달리는 시종은 그가 누구이든 간에 군주의 눈에 띄지 않아야 한다. 그러나 시종의 장이 악성적인 병에 걸렸을 때, 군주는 적절한 예방조치를 한 후에 그를 위문해야 한다. 왜냐하면, 병마에 시달리는 시종의 장을 위문하는 것은 군주의 자애로움을 알릴 수 있는 기회이기 때문이다.

군주는 목욕 후 향수를 뿌리고 꽃목걸이로 장식을 하고, 왕비 역시 목욕을 하고 깨끗한 옷을 입고 예쁜 장식을 하도록 한 후에 관계를 한다.

군주는 자신의 거소로부터 왕비의 거처로 함부로 이동해서는 안 된다. 군주는 왕비로부터 끝없는 사랑을 받는다고 할지라도, 왕비의 거처에 대해 과도하게 신뢰를 해서는 안 된다.

바르라세나(Bhadrasena) 왕은 부인의 거처에 머물다 동생에게 살해되었다. 카루사(Karusa) 왕은 자신의 어머니 침대 밑에 숨어있던 친아들에 의해 살해되었다.

카시스(Kasis) 왕은 꿀을 바른 과자를 주면서 안심시킨 후, 독을 바른 과자를 자신의 왕비로부터 받아 먹고 살해되었다.

소우비라(Souvira) 왕은 왕비의 독 묻은 보석 때문에 살해되었다. 바이란타(Vairanta) 왕은 왕비의 독 묻은 발찌에 의해, 자루사(Jarusa) 왕은 왕비의 독 묻은 거울에 의해 살해되었다.

비두라타(Viduratha) 왕은 왕비가 머리카락 속에 감춘 단검에 의해 살해되었다. 군주는 자신의 친구들과 모든 독이 묻은 물품을 주고받는 것은 피해야 하지만, 적에 대항하기 위해서는 독이 묻은 물품에 의지할 수밖에 없다.

왕비들이 충성스러운 시종들의 보살핌에 의해 군주에게 해로운 어떠한 행위도 하지 않게 될 때, 군주는 현생은 물론이고 내생에서도 모든 유형의 즐거움을 향유할 것이다.

덕행을 쌓으려는 군주는 비이카라나(Viyikarana) 의식으로 자신의 능력을 향상한 뒤에 매일 밤에 차례대로 부인들과 관계를 해야 한다.

하루를 정리하면서, 군주는 다음날의 일정을 확인하고

시종들을 물리친 후에 여자 하인과 여성들이 행하는 모든 의식을 마친 다음에 적절한 수면을 취해야 한다. 수면 간에도 군주는 무기를 손에서 멀리하면 안 되고, 자신이 믿을 수 있는 친척들로부터 확실하게 경호를 받도록 해야 한다.

통치자가 샤스트라에 따라 국가의 모든 정무를 완벽하게 살필 때, 신하들은 근심의 짐을 내려놓고 평화롭게 잠을 청할 수 있다. 그러나 통치자가 향락에 빠져 정신이 어지러울 때 신하들은 사악한 것들(도둑, 암살자 등)에 대한 불안 때문에 편히 잠을 잘 수 없다. 군주가 자지 않고 깨어 있으면, 대다수의 신하들은 잠을 잘 수 없다.

과거의 현자들은 완벽한 군주와 군주제의 성격을 위에 기술한 바와 같이 말해 왔다. 이러한 방식으로 정의를 지켜나가면, 통치자는 신하들에게는 양아버지와 같은 위치에 오르게 된다.

VIII. 세력 궤도론

■

　재화와 군사력이 충분하고, 장관과 관료들이 충성스러우며, 견고한 성채를 보유하고 있는 세상의 중심인 군주는 굳건한 제국 건설에 관심과 노력을 집중해야 한다.

　용맹하고, 우호적인 속국과 충성스러운 부하 장수들을 거느린 군주는 끝없는 번영을 구가하고, 적국에 둘러싸인 군주는 전차의 바퀴처럼 닳아서 사그라진다.

　이지러짐이 없는 보름달처럼, 완벽한 국가 구성요소(역주: 군주, 장관, 영토, 성채, 재화, 군사 그리고 동맹은 국가를 구성하는 7개의 요소이다)를 갖춘 군주는 모든 생명체에게 우호적인 존재로 투영된다. 그렇기 때문에 군주는 국가 구성요소를 항상 빈틈없이 유지하고 관리해야 한다.

　장관, 성채, 영토, 재화 그리고 군사라는 5가지 요소는 제국의 통치자에게 있어 핵심적인 국가 구성요소라고 정치학의 전문가들은 언급해 왔다.

브리하스빠티(Vrihaspati)는 이러한 5가지 요소에 동맹, 그리고 군주를 더하여 국가 구성의 7가지 요소라고 하였다.

이와 같은 7가지의 발전하는 국가 구성요소를 장착하고, 넘치는 열정을 타고 나고, 승리를 갈망하는 통치자는 진정한 세상의 군주(Vijigisu)라는 칭호를 받을 가치가 있다.

이러한 세계의 군주가 갖추어야 할 요소로는, 훌륭한 가문, 학식이 높은 사람이나 나이가 많은 사람에 대한 존중, 정력, 야망, 독심술, 통찰력, 대담성, 진실성, 효율성, 관대, 겸손, 자신감, 적절한 시간과 장소의 선택, 빠른 결심, 모든 유형의 고통을 참고 견디는 인내, 박학다식, 완력, 비밀 유지, 일관성, 용기, 하인들의 봉사에 대한 배려의 표시, 감사하는 마음, 보호처를 찾는 자에 대한 자비, 용서, 변덕스럽지 않은 일관성, 직무 지식, 군사적 식견, 총명, 예지력, 끈기, 정당성, 비뚤어진 것의 회피, 천부적으로 순수한 영혼과 같은 것들이다.

이러한 특성을 전혀 갖추지 않고 있다고 해도, 제왕에 걸맞은 기량(역주: 다른 모든 왕들을 자신에게 굴종시킬 수 있는 능력)만을 구비해도 군주라는 칭호를 들을 만한 가치가 있다. 제왕의 기량을 타고난 군주는 사자가 뭇 동물에게 공포의 대상이 되듯이 적의 가슴에 공포를 심어준다.

자신의 기량을 입증함으로써, 군주는 최고의 번영을 구

가할 수 있다. 이러한 이유로 군주는 항상 자신의 기량 향상을 위해 노력해야 한다.

적과 친구를 구분 짓는 것은 단 하나인 바, 그것은 군주 자신과 동일한 목표의 달성을 추구하는지 여부이다. 적이 군주의 자질을 타고났다면, 가공할 만한 존재로 간주된다.

탐욕, 냉혹, 무기력, 진실성 결여, 경솔, 비겁, 비행, 부주의 등의 특성을 지니고, 잘 조련된 전사를 무시하는 통치자는 쉽게 제거할 수 있는 적이다.

주적(Ari), 친구(Mitram), 주적의 친구(Arimitram), 친구의 친구(Mitramitram), 주적의 친구의 친구(Arimitramitram)는 군주(Vijigisu)가 다스리는 영토의 전면에서 차례로 국경을 접하고 있는 국가의 통치자들이다.(역주: 국경을 접하고 있는 국가와는 크고 작은 분쟁이 있을 수밖에 없어 적대관계를 형성하며, 적과 적대관계가 형성된 국가는 나의 우방이 된다는 개념이다.)

군주의 직후방에 있는 국가는 빠르쉬니그라하(Parshnigraha)이며, 그와 국경을 접하고 있는 국가는 아크란다(Akranda, 역주: 군주로부터 두 번째 후방에 위치한 국가)이며, 이어서 아사라(Asara, 역주: 군주로부터 세 번째 후방에 위치한 국가)라는 2개의 국가가 위치한다. 이러한 것이 군주(Vijigisu)의 관점에서 본 세력 궤도(Mandala)이다.

영토의 일부가 군주(Vijigisu) 및 주적(Ari)과 접경하고 있는 국가는 마디야마(Madhyama, 역주: 마디야마는 군주 및 적 모두와 국경을 접하고, 양국 모두에 대해 영향력을 행사할 수 있는 힘을 지니고 있는 국가이다. 역자는 이러한 위상을 고려하여 마디야마를 '인접강국'으로 해석하였다) 즉, 인접강국은 군주와 주적(Ari)이 함께 연합해 있을 때는 양국에 대해 우호적이나, 군주와 주적(Ari)이 연합하지 않을 때는 양국에 대해 적대적이다.

[그림] 세력 궤도론(Mandala Theory)

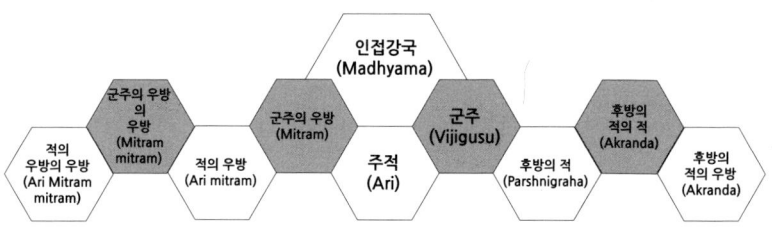

이러한 주권국가들이 형성하는 세력 궤도(Mandala)를 넘어서 어느 국가와도 접하지 않는 지역에 위치해 있는 가장 강력한 힘을 지닌 역외강국(Udasina)이 있다. 역외강국은 세력 궤도 내의 국가들이 연합해 있을 때는 모든

국가들에게 호의를 가지고 대하나, 이들 국가들이 분산되어 있을 때는 개별 국가들을 분쇄하려 한다.

군주(Vijigisu), 주적(Ari), 인접강국(Madhyama), 역외강국(Udasina)과 같은 네 개의 국가는 세력 궤도를 구성하는 핵심국가이다. 이것이 정치학 대가인 마야(Maya, 역주: 고대 인도의 정치학자)가 묘사한 네 개 국가의 세력 궤도(Mandala)이다.

푸로마(Puloma)와 인드라(Indra)에 따르면, 군주(Vijigisu), 주적(Ari), 군주의 친구(Mitram), 군주의 직후방의 국가(Parshnigraha), 인접강국(Madhyama), 역외강국(Udasina)은 여섯 개 국가의 세력 궤도라고 우사나스(Usanas) 학파는 언급하였다.

역외강국, 인접강국, 그리고 군주 중심의 세력 궤도를 마야(Maya) 학파의 관점에서 보면 12개 국가의 세력 궤도가 형성된다고 우사나스(Usanas) 학파는 언급하였다.

위에서 언급한 역외강국, 인접강국 그리고 군주의 세력 궤도에 있는 12개 국가를 합치면 36개국의 세력 궤도가 된다고 마누(Manu)학파는 다시 언급하였다. .

마누(Manu) 학파의 제자들은 세력 궤도를 구성하는 12개 국가의 군주(통치자)를 제외하고 장관 등 6가지의 국가 구성요소를 열거하였다.

12개 국가의 군주(통치자)를 기본으로 하는 세력 궤도에 각각의 6가지 국가 구성요소를 더하면 72개 요소로 구성되는 국가구성요소 세력 궤도가 형성된다.

군주를 중심으로 하는 12개국 세력 궤도에 (군주와 주적의) 공통의 적, (군주와 주적의) 공통의 우방과 그의 적과 우방을 합치면 18개국으로 구성되는 세력 궤도가 형성된다고 브리하스빠티 (Vrihaspati) 학파는 언급하였다.

이러한 18개국의 군주(통치자)와 각 여섯 가지의 국가 구성요소인 장관, 영토, 성채, 재화, 군사 그리고 동맹을 재결합하면 108개의 요소로 구성되는 세력 궤도를 형성한다고 현자들은 인식해 왔다.

이러한 18개국의 군주(통치자), 그리고 우방과 적을 합치면 이는 54개국의 군주(통치자)로 구성되는 세력 궤도를 형성한다고 비샤락샤(Vishalaksha)가 언급하였다.

이러한 54개국의 군주(통치자), 그리고 6가지의 국가 구성요소인 장관, 영토, 성채, 재화, 군사 그리고 동맹을 포함하면 324개 요소의 세력 궤도를 형성한다.

군주의 국가 구성요소 7가지는 주적의 국가 구성요소 7가지와 함께 14개 요소의 세력 궤도를 형성하는 것으로 알려져 있다.

군주, 주적, 인접강국에 각각의 우방 1개국을 포함하면 소위 여섯 군주(통치자)의 세력 궤도가 형성된다.

이러한 여섯 명의 군주(통치자)에 여섯 개의 국가 구성

요소인 장관 등을 포함하면 사람들에게 친숙한 36개의 요소로 구성된 세력 궤도(Mandala)가 된다.

군주, 주적 그리고 인접강국이 각각 형성하는 7가지의 국가 구성 요소를 한 곳에 모으면, 정치가들이 말하는 21개 요소의 세력궤도가 된다.

세력 궤도의 핵심적인 네 명의 통치자(군주, 주적, 인접강국, 역외강국)는 각각 자신의 동맹을 갖고 있으므로 8명의 통치자가 된다. 이러한 8명의 통치자들은 각각 개별적으로 장관과 같은 국가 구성요소를 지니고 있다.

군주의 전면 그리고 후면에 있는 통치자들은 군주와 함께 세력 궤도의 본질에 대해 잘 알고 있는 사람이 언급하는 10명의 통치자의 세력 궤도를 구성한다.

여섯 개의 국가 구성요소인 장관, 영토, 성채, 재화, 군사 그리고 동맹과 각각의 통치자 10명은 세력 궤도에 대해 정통한 사람들이 일컫는 60개의 국가 구성요소로 된 세력 궤도이다.

군주 전면의 동맹과 적, 군주 후방의 동맹과 적을 합하면 군주를 포함하여 5명의 통치자가 된다. 장관 등 여섯 개의 국가 구성요소를 5명의 통치자 각각으로 하여 합하면 30개 요소의 세력 궤도로 인식된다.

정치학에 매우 정통한 사람들은 주적을 중심으로 하는 세력 궤도에 대해서도 잘 인식하고 있다. 현자들은 다섯 통치자의 세력궤도 그리고 30개 요소의 세력 궤도를 주적에 따라 생기는 것이라고 본다.

빠라사라트(Parasarat, 역주: 고대에 생존했던 인물로 인도의 대서사시 Mahabharat의 저자이다)는 정치학에서는 두 개의 요소만 인식되는 데 '그것은 공격하는 자(공자)와 공격받는 자(방자)'라고 말하였다.

군주와 주적이 서로에 대해 공격한 결과, 군주와 주적 간의 관계가 얽히게 되면(역주: 공격하면서 방어도 함께하므로 공자와 방자를 구분할 수 없는 것을 의미한다) 마치 하나의 국가 구성요소가 있는 것처럼 보이기도 한다.

이처럼 옛날의 학자들은 수없이 많은 종류의 세력 궤도에 대해 언급해 왔다. 그러나 세계적으로 용인되고 알려져 있는 것은 12명의 통치자로 구성된 세력 궤도이다.

한 그루의 나무가 4개의 뿌리(역주: 4개의 뿌리는 군주, 주적, 인접강국, 역외강국을 의미한다), 8개의 가지(역주: 8개의 가지는 위에서 언급한 군주, 주적, 인접강국, 역외강국 각각의 동맹과 주적을 의미한다), 60개의 잎(역주: 60개의 잎은 위의 뿌리와 가지 즉 12명의 통치자에 딸려 있는 국가 구성요소 5가지를 각각 합한 값이다), 두 개의 밑줄기(역주: 2개의 밑줄기는 인간의 운명과 노력을 의미한다), 6송이의 꽃(역주: 6송이의 꽃은 외교정책 실행 시에 사용하는 6개의 방책으로 '평화', '전쟁', '관망', '진주', '동맹', '양면 정책'을 의미한다), 3개의 열매(역주: 3개의 열매는 외교정책의 6가지를 실현한 결과 나타나는 성과로 쇠퇴, 현상 유지, 발전을 의미한다)로 구성되어 있다는 것을 아는 사람이 진정한 정치가이다.

빠르쉬니그라하(Parshnigraha, 역주: 군주의 직후방에 있는 국가) 그리고 **아사라**(Asara, 역주: 군주로부터 세 번째 후방에 위치한 국가)는 군주의 적의 동맹들로 불린다. **아크란다**(Akranda, 역주: 군주로부터 후방으로 두 번째에 위치한 국가)와 **아크란다의 아사라**(역주: 아크란다로부터 두 번째 후방에 위치한 국가)는 군주에 대해 우호적 태도를 유지하는 것으로 알려져 있다.

군주는 자신의 후방의 적들(Parshnigraha, Asara)로 하여금 자신의 우방들(Arkanda와 Arkanda의 Asara)을 전쟁에 돌입하도록 부추긴다. 후방의 적들에게 하는 것처럼, 전방의 적들(Ari, Arimitram)도 군주 자신의 우방들(Mitram, Mitramitram)과 전쟁에 돌입하도록 한 후에, 군주는 정복에 나서야 한다.

지상의 통치자인 군주는 강력한 공동의 우방으로 여러 가지 편의 제공을 통해 자신의 편으로 만들어 놓은 역외 강국(Udasina)을 매개로 하여 우방의 적의 우방을 무력화시킨 후에 정복에 나서야 한다.

후방의 우방(Akranda)과 연합하여 군주는 직후방의 적(Parshnigraha)을 분쇄해야 한다. 또한, 동시에 자신(후방의 우방, Akranda)의 우방의 지원 하에 후방의 우방(Akranda)

을 매개로 하여 군주는 직후방 적의 우방을 분쇄해야 한다.

군주는 자신의 군사력과 우방(Mitram)의 군사력을 동원하여 주적(Ari)을 멸한다. 그리고 우방(Mitram)의 우방(역주: 군주의 입장에서는 Mitrammitram)의 지원하에 우방(Mitram)의 군사력으로 군주는 주적의 우방(Arimitram)의 분쇄해야 한다.

공동의 우방인 역외 강국(Udasina)의 대리자와 우방의 우방(Mitramitram)의 대리자를 통해, 지상의 통치자인 군주는 주적의 우방의 우방(Arimitramitram)을 분쇄해야 한다.

이렇게 점진적인 순서에 따라, 군주는 끊임없는 활동으로 항상 골칫덩어리인 주적과 전방에서 자신의 우방국과의 사이에 위치해 있는 적의 우방(Arimitram)을 분쇄해야 한다.

이처럼 현명하고 활동적인 군주에 의해 양면에서의 압박과 공격에 시달리게 되는 적은 분쇄되거나 스스로 군주의 통치하에 들어오게 된다.

모든 수단을 동원하여, 군주는 공동의 우방국 그리고 적을 자신의 편이 되도록 설득해야 한다. 자신의 동맹들로부터 분리된 적들은 쉽게 절멸시킬 수 있다.

모든 적과 우방은 원인에 따른 결과이다. 그러므로 군주는 적을 만드는 원인을 회피해야 한다.

군주는 자신의 통치영역에 있는 모든 백성들을 소중하게 여겨야 한다. 자신의 백성을 소중히 여김으로써 국가 구성요소 모두가 번성하는 국면에서 군주는 번영을 구가할 수 있다.

군주는 원거리에 위치하면서 자신의 세력 궤도를 형성하고 있는 통치자들의 연합과 지역의 제후 그리고 야만족들을 잘 관리해야 한다. 이와 같은 우방과 지도자들의 전폭적인 지원을 받을 때 제국의 체제는 더욱 굳건해 질 수 있다.

군주가 정복 의지를 멀리하면, 인접강국의 힘이 왕성해져서 군주의 영토를 침입하게 된다. 이럴 때 군주는 적과도 연합하여 인접강국에 대항해야 한다. 그렇게 할 수 없다면, 인접강국에 굴복하고 평화를 모색해야 한다.

적에는 두 가지 유형이 있다. 첫 번째 유형은 자연스럽게 생겨나는 태생적인 적이며, 다른 유형은 행위에 의해 만들어지는 적이다. 태생적인 적은 군주와 같은 왕조에서 태어난 사람이며, 태생적인 적 이외에는 인위적인 적이다.

영토 할양 유도, 적 장교들의 추방, 시의적절하게 적에게 고통 부과와 적의 분쇄와 같은 네 가지는 적에 대한 군주의 의무라고 징벌학에 능통한 자들이 주장해 왔다.

징벌의 방법으로 조직과 재화의 무력화, 총리 암살과 같은 것에 대해 선각자들은 카르사나(Karsana)라고 규정지어 왔다. 이러한 것들보다 더 가혹한 행위는 피다나

(Pidana)로 불린다.

의지할 안전장치(역주: 원문에는 Shelter로 표기되어 있으나 그 의미가 자신을 보호해 줄 수 있는 성채, 군사, 재화, 동맹 등을 뜻하는 것으로 볼 수 있어 안전장치로 해석한다)가 빈약하거나, 허약한 동맹과 함께 안전장치를 모색하는 국경을 맞대고 있는 적은 비록 그가 현재는 번영을 구가한다고 할지라도 손쉽게 멸망시킬 수 있다.

자신의 안전장치에 대해 확신하는 경우, 군주는 적절한 시기에 적에 대해 카르사나와 피다나를 행하여야 한다. 성채, 정직한 동맹 등은 선각자들에 의해 안전장치로 규정되어 왔다.

결과적으로 군주의 모든 권한을 탈취할 힘을 지닌 내부의 적은 격멸되는 것이 당연하다. 비비사나(Vibhisana, 역주: 고대 인도의 대서사시 Ramayana에 나오는 10개의 얼굴을 가진 괴물신)와 수리야(Suryya, 역주: 태양의 신)의 아들의 태생적인 적은 같은 어머니로부터 출생한 형제였다.

내부의 적은 군주의 지난 행적, 조치, 그리고 가용 자원 등에 대해 잘 안다. 군주의 비밀들을 잘 알고 있기 때문에 내부의 적은 바짝 마른 나뭇가지를 불에 태우는 것처럼 군주를 파멸의 구렁텅이로 빠지게 할 것이다.

군주는 주적에 대해 국부적으로 열린 행보를 보이는 우방국을 천둥과 번개의 날로 트리시라스(Trisiras, 역주: 인드라 신에게 적대행위를 하다 죽임을 당한 Maha Bharat에 나오는 신) 도륙을 했듯이 온 힘을 다해 신속히 처단해야 한다.

  자신이 제거될 수도 있음을 염려하는 군주는 강력한 공격을 받아 위험에 처해 있는 적에게 필요한 지원을 해주어 후일을 도모하기도 해야 한다.

  군주는 제거함으로써 또 다른 적을 양산할 일말의 가능성이라도 있다면 그러한 적의 제거를 모색하지 않아야 한다. 다만, 적의 제거를 모색하지 않는 대신 적을 종속적으로 만드는 조치를 취해야 한다.

  대단히 무자비한 태생적인 적이 정도에서 벗어난 행동을 하면서 군주에게 위해를 가하려 한다면, 군주는 그와 같은 왕조에서 태어난 또 다른 적을 회유하여 그에게 대항할 수 있는 수단을 제공한다.

  독은 독으로 다스리고, 견고한 물체는 또 다른 견고한 물체로 파괴한다. 마찬가지로 야생 코끼리는 대등한 기량을 보유한 코끼리로 제압해야 한다.

  물고기가 다른 물고기를 잡아먹듯이, 의심의 여지 없이 경쟁 관계에 있는 혈족은 또 다른 혈족을 파괴한다. 라마(Rama)는 라바나(Ravana)를 제거하기 위해 비비사나(Vibhisana)를 존중했다(역주: Maha Bharat의 내용 중 Rama신의 Sita 왕비가 오늘날의 스리랑카를 다스리는 신 Ravana에게 납치되자 Rama는 Ravana의 동생인 Vibhisana를 중용하여 Ravana를 제거하고 Sita 왕비를 구하였다).

지혜로운 군주는 결코 세력 궤도 전체를 소용돌이 속으로 몰아넣는 행위를 하지 않는다. 그는 항상 자신의 장관 등과 같은 국가 구성요소를 소중히 생각해야 한다.

군주는 자신의 국가 구성요소를 회유와 선물(또는 뇌물), 그리고 명예 수여 등으로 만족시켜야 한다. 적의 국가 구성요소는 내부적인 분란과 공개적인 공격 등으로 파괴해야 한다.

세력 궤도로 형성된 세상은 적대적 또는 우호적인 패권자로 넘쳐난다. 이러한 통치자 모두는 지극히 개인주의 성향이 강하다. 이러한 통치자들 중에서 중립을 유지하는 것이 가능하겠는가?

충분한 재화를 보유한 우방이라고 할지라도 정도에서 벗어났을 때는 제재를 가해야 한다. 만약, 그 우방이 회생의 기미가 없을 정도로 부패했을 경우, 군주는 그를 추악한 적으로 간주하고 분쇄해야 한다.

적이라고 할지라도 자신의 권력 강화의 수단으로 활용할 수 있다면 친구로 만들어야 한다. 우방이라고 할지라도 군주에게 악마와 같은 의도를 품고 있다면, 관계를 끊어야 한다.

군주를 위해 진정으로 기여할 수 있는 방안을 모색하거나, 군주의 안위에 대해 염려하는 자는 진정한 친구로 간주해야 한다. 군주의 만족 여부를 떠나서 실질적인 지원을 제공하는 자가 진정한 동맹이다.

여러 가지를 고려하여 군주는 정도를 벗어나는 행동을 반복하는 동맹에 대해서는 신뢰를 거두어야 한다. 그러나, 정도를 벗어나지 않는 동맹을 포기한다는 것은 폭넓은 번영에 도움이 되지 않는 것은 물론 종교적인 관점에서도 어긋난다.

군주는 시시때때로 개인적으로 다른 사람들이 죄가 있는지, 결백한지에 관해 물어야 한다. 이렇게 하여 군주 스스로 죄가 있는 자를 찾아내 그에게 징벌을 가하는 것은 여러 면에서 고무적이다.

군주는 사건의 실체를 확인하는 데 필요한 충분한 정보를 확인하지 않고, 현상만 보고 화를 내서는 결코 안 된다. 죄가 없는 자에게 화를 내는 자는 뱀과도 같다.

군주는 우방국들을 긴밀한 관계, 보통의 관계, 소원한 관계로 구분하여 국가별 등급 수준을 인지하고 있어야 한다. 이러한 우방국의 등급은 그들의 군주에 대한 기여도와 대체로 일치한다.

군주는 절대로 타인을 거짓으로 비난해서는 안 되며, 잘못된 비난에 귀를 기울여서도 안 된다.

군주는 쁘라요기카(Prayogika, 역주: 국가이익의 증진을 위한 외교적 수단과 방편), 마트사리카(Matsarika, 역주: 적을 분노하게 하는 간계와 술책), 마디야스탐(Madhyastham, 역주: 무관심한 척하는 것), 빡샤빠티캄(Pakshapatikam, 역주: 자신의 편에 대해 다소 과장된 신뢰의 표현), 소빠니야사(Sopanyasa, 역주: 상대방을 바늘방석에 앉히기), 사누사야(Sanusaya, 역주: 작위 또는 부작위가 초래할 결과에 대한 뉘우침)라고 알려진 것들을 꿰뚫고 있음은 물론 이를 실제로 실행할 수 있어야 한다.

군주는 공개적으로 어떤 우방의 편도 들어서는 안 되며, 군주의 환심을 사려고 하는 우방국들 간의 경쟁심을 조장해야 한다.

군주로서의 책임은 지대하다. 따라서 군주는 자신의 비열한 우방국들이 저지르는 커다란 실패까지도 '그들의 자질이 부족해서 그렇겠거니' 하고 수용할 수 있어야 한다.

세상의 지배자인 군주는 다양한 장점이 있는 많은 수의 우방국을 확보해야 한다. 많은 우방국들의 지지를 받는 군주는 적들을 자신의 통제하에 둘 수 있기 때문이다.

군주를 위험에 빠뜨리는 악을 처단하기 위해 군주의 진정한 우방국들이 직면하는 위험은 아버지나 형제 또는 다른 어떤 사람도 대신할 수 없다.

군주는 굳건한 우방의 강력한 지원을 받고 있는 적을 공격해서는 안 된다. 이는 세력 궤도에서 지켜야 할 의무사항이며, 견고한 제국을 건설하는 방법을 아는 사람들이 강조하는 철칙이다.

세력 궤도는 본질적으로 우방들, 적들 그리고 역외강국으로 구성되며, 군주는 이러한 국가들과 유리한 관계를 맺고 유지해야 한다. 이것을 세력 궤도의 정화라고 한다.

  이렇게 하여, 군주는 정도를 걸으면서 최선의 노력을 다하여 세력 궤도를 정화시키고, 깨끗한 빛을 온 세상에 발하는 가을밤의 달처럼 모든 백성들의 마음에 기쁨을 주어야 한다.

IX. 평화의 유형과 획득

자신보다 강력한 적의 공격을 받는 것은 커다란 위험에 직면하게 되는 것을 의미한다. 이때 공격받은 통치자는 다른 안전장치(역주: 우방국의 지원, 견고한 성채, 강력한 군사력 등)가 없으면, 협상을 통해 적의 공격을 가능한 지연시키면서 평화를 모색해야 한다.

카팔라(Kapala), 우빠하라(Upahara), 산타나(Santana), 산가타(Sangata), 우빠니야사(Upanyasa), 쁘라티카라(Pratikara), 삼요가(Samyoga), 뿌루샨타라(Purushantara), 아드리쉬타나라(Adrishtanara), 아디쉬타(Adishta), 아트마미샤(Atmamisha), 우빠그라하(Upagraha), 빠리크라야(Parikraya), 빠리부샤나(Paribushana), 그리고 스칸도빠네야(Skandhopaneya)는 열여섯 가지의 평화의 유형으로 유명하다. 이처럼 평화조성에 정통한 사람들은 열여섯 가지 유형의 평화에 각각의 명칭을 붙였다.

카팔라(Kapala)는 자원이 대등한 국가 간의 평화이다. 우빠하라(Upahara)는 선물 제공을 통해 얻는 평화이다.

산타나(Santana)는 군주가 평화의 상대에게 딸을 주는 혼인에 의한 평화이다. 산가타(Sangata)는 품성이 훌륭한 통치자 간에 우정을 통해 형성되는 평화이다.

이러한 유형의 평화는 당사자들이 살아 있는 한 지속된다. 당사자들은 자신들의 행동과 보유한 자원을 상대방에게 분명하게 밝힌다. 이러한 평화는 번영의 시기이든 역경의 시기이든 간에 결코 파괴되지 않는다.

특히, 산가타(Sangata)는 다른 금속과 섞여 있지만, 빛을 발하는 황금과 같다. 평화조성에 정통한 사람들은 이것을 칸차나(Kanchana) 또는 황금 같은 평화라고 부른다.

우빠니야사(Upanyasa)는 모든 경우의 대립되는 논란을 성공적으로 종식시키고 조성된 평화이다.

'나는 그에게 호의를 베풀었고, 그도 나에게 호의를 베풀었다' 라는 과거의 긍정적 행위에 기초해 성립되는 평화는 제Ⅰ유형의 쁘라티카라(Pratikara)이다(역주:유형Ⅰ, Ⅱ는 역자가 구분한 것이며, 원문에는 유형의 구분없이 pratikara로 기술되어 있다).

'나는 그에게 호의를 베풀 것이고, 그도 나에게 호의를 베풀 것이다' 라는 미래에 대한 긍정적인 가정 하에 성립되는 평화는 제Ⅱ유형의 쁘라티카라(Pratikara)이다.

양 당사자 모두가 공통의 관심사를 달성하기 위해, 서로 상대방을 신뢰하며 힘을 합하기 위해 맺은 평화를 삼요가(Samyoga)라고 한다.

'나의 이익을 확보하기 위해 당신의 최정예 부대가 나의 부대의 일부가 되어야 한다.'는 것과 같은 조건으로 정복자가 피정복자에게 강제하는 평화는 뿌루샨타라(Purushantara)이다.

'나를 위해 당신 스스로 행동을 하여 목표를 달성하되, 나는 당신에게 어떤 도움도 주지 않을 것이다.'와 같이 정복한 적에 대해 부여하는 조건에 의해 성립되는 평화는 아드리쉬타뿌루샤(Adrishtapurusha)이다.

일정한 영토를 할양하는 대가로 강력한 적과 평화를 구축하는 것을 아디쉬타(Adishta)라고 한다.

통치자와 통치자의 군대 간에 체결하는 협약에 의해 구축되는 평화는 아트마미샤(Atmamisha)라고 부른다. 통치자가 상대에게 모든 것을 이양하고 목숨만 부지하는 하는 평화는 우빠그라하(Upagraha)라고 부른다.

국가 구성요소를 보전하기 위해 모든 재화 또는 금과 은을 제외한 금속을 제공함으로써 얻는 평화는 빠리크라야(Parikraya)이다.

파괴적인 평화인 우치친나(Uchchinna)는 대부분의 옥토를 할양함으로써 얻는 평화이다. 빠리부샤나(Paribushana)

는 영토에서 생산되는 모든 물품을 바치고 얻는 평화이다.

보상금(돈이나 영토에서 생산되는 물품)을 분할하여 지급하기로 당사자 간에 합의하여 얻어지는 평화를 스칸도빠네야(Skandhopaneya)라고 한다.

이러한 16가지 평화의 유형 중에서 (1)이익을 주고받음으로써 성립되는 쁘라티카라 (Pratikara), (2)우정에 의해 성립되는 상가타(Sangata), (3)혼인 관계에 의해 성립되는 산타나(Santana) 그리고 (4)선물 제공에 의해 성립되는 우빠하라(Upahara)가 가장 널리 알려져 있다.

나의 생각에 우빠하라(Upahara)만이 평화라는 명칭을 보유할 자격이 있는 것 같다. 우정을 포함한 다른 유형의 평화는 변형된 우빠하라에 불과하다.

강력한 공격자가 상당한 규모의 보상을 획득하지 못하면 결코 복귀하지 않음을 감안하면, 우빠하라 보다 더 좋은 평화의 유형은 없다.

(역주: 다음은 평화협정을 체결하지 않아야 할 20가지 유형의 대상을 나열하고 있다)어린 통치자, 노쇠한 통치자, 오랫동안 병상에 있는 통치자, 가문이 포기한 통치자, 겁쟁이 통치자, 부하들이 겁쟁이로 여기는 통치자, 탐욕스러운 통치자, 예하의 관료와 신하가 탐욕스럽고 욕심이 많은 통치자, 이율배반적인 국가 구성요소를 보유한 통치자, 관능적 즐거움에 중독된 통치자, 신하들의 조언에 대해 변덕

을 부리는 통치자, 신과 브라만 승려를 모독하는 통치자, 역운에 시달리는 통치자, 운명에 너무 의존하는 통치자, 기근에 시달리는 통치자, 오합지졸을 거느린 통치자, 방호를 받지 못하는 곳에 위치한 통치자, 적대자가 많은 통치자, 적시에 행동하지 않는 통치자, 진실과 정의를 멀리하는 통치자와 같은 20가지 유형의 통치자와는 평화를 체결하지 않으며, 그들이 영원히 전쟁의 혼돈 속으로 빠져들게 해야한다. 이들은 공격을 받으면, 얼마 지나지 않아 적으로부터의 흔들림에 갈피를 못 잡게 된다(역주: 강하지 못한 통치자는 평화 협정의 체결이 아니라 격멸해야 할 대상으로 저자는 인식하고 있다).

장수들은 제왕적 능력(Prabhava, 역주: 여기서 제왕적 능력은 Regal Power로 노련미, 완숙미, 경험, 카리스마, 통솔력 등이 통합된 힘을 의미한다)이 부족한 어린 통치자의 명분을 위해 싸우지 않는다. 왜냐하면, 그의 이익을 지키기 위해 목숨을 걸고 싸운다고 할지라도, 정작 어린 통치자는 방어해줄 능력이 없기 때문에, 친족 관계가 얽혀있지 않는 한 어린 통치자를 위해 싸우지 않아야 한다.

연로한 통치자나 오랫동안 병상에 있는 통치자와는 평화 협정을 체결하지 않는다. 그들은 제왕적 기량의 한 요소라고 알려진 우트사하 삭티(Utsaha Sakti, 역주: 강력한 에너지를 의미한다)가 부족해 자신의 친족이나 신하에 의해 처단될 수 있다.

  친족으로부터 버림을 받은 군주는 쉽게 암살될 수 있다. 심지어, 친족들조차도 자신에게 큰 이익이 있다면 통치자를 파멸에 이르도록 할 수 있다.

  겁쟁이 통치자는 전쟁터에서 전투를 포기하고, 생명 부지를 위해 도망간다. 용감한 통치자라고 할지라도 겁쟁이 부하들에 의해 전쟁터에 유기될 수 있다는 두려움과 싸워야 한다.

  탐욕스러운 통치자의 군사는 전투를 해도 그 보상이 적기 때문에 싸우려 하지 않는다. 통치자가 탐욕스러우면 예하의 장수들도 탐욕에 물들이 되고, 이러한 장수들은 적의 뇌물 공세에 넘어가 쉽게 파괴된다.

  국가 구성 요소가 부실한 통치자가 전쟁을 하게 된다면, 그러한 통치자는 어려움에 처하게 될 것이며, 관능적 즐거움에 중독된 통치자는 너무 약해서 쉽게 파괴된다.

  쉽게 결정을 하지 못하는 우유부단한 통치자는 이를 신하들 탓으로 돌리며, 신하들은 분명한 목표를 제시하지 못하는 통치자에 대해 행동해야 할 시기가 도래해도 건의하지 않는다.

  신과 브라만을 경멸하는 자와 신의 섭리를 거슬리는 통치자는 부여 받은 권한을 불경스러운 행동에 행사하여 끊임없이 구설에 오르고 시달리게 된다.

'신의 섭리는 분명히 번영과 역경을 제공한다.' 숙명론자들은 이러한 명제를 받아들여, 모든 것이 신의 뜻이라고 생각하고 개인적인 노력을 포기한다.

이러한 군주는 심각한 기근이 찾아오면 극복하려는 의지력이 약해 적에게 항복한다. 불만이 많고 충직하지 못한 군사를 거느린 군주는 전쟁이라는 위험을 감수할 수 있는 힘이 없다.

낯선 지형에서의 군주는 보잘것 없는 적에 의해서도 격멸된다. 코끼리의 왕도 물속에서는 가장 작은 상어에 의해 압도당한다.

적이 많은 군주는 매에 둘러싸인 비둘기처럼 항상 공포에 떨어야 하며, 그가 어떤 길로 도피를 해도 적들에 의해 쉽게 파괴된다.

시기를 잘못 택하여 전쟁을 수행하는 자는 때에 맞추어 전쟁을 수행하는 자에 의해 손쉽게 제압당한다. 밤의 왕자인 올빼미를 낮에는 까마귀가 손쉽게 공격할 수 있는 것이 좋은 예이다.

어떠한 상황에서도 진실과 정의가 결여된 평화조약을 체결해서는 안 된다. 그러한 내용을 제시하는 상대방은 아무리 신성한 평화조약이라고 할지라도, 얼마 지나지 않아 그 조약에 정면으로 위배되는 행동을 할 것이다.

약속을 반드시 지키는 군주, 아리안족, 덕망이 있는 왕자, 아나리야족(Anaryya, 역주: 외부 문명이 유입되기 전부터 인도 대륙에 살고 있는 토착민), 형제가 많은 사람, 매우 강력한 통치자, 많은 전쟁에서 승리한 자와 같은 7가지 부류의 사람들과는 평화조약을 체결해도 되는 것으로 알려져 있다 (역주: 여기서 평화조약 체결 대상인 아나리야족은 미개한 민족이므로 나의 의지대로 상대를 움직일 수 있기 때문이며, 형제가 많다는 것은 인적 및 물적 자원이 풍부하여 내가 얻을 수 있는 것이 많은 대상이 되며, 많은 전쟁에서 승리한 자는 나보다 훨씬 강력하여 평화조약을 체결하지 않음으로써 예견되는 반대급부를 차단하기 위한 것이라고 역자는 해석한다).

자신의 맹세를 고귀하게 여기는 사람은 결코 자신이 맺은 조약에 반하는 행동을 하지 않는다. 확실한 것은 목숨을 잃을지라도 아리안족을 아나리야족이라고 칭하지 않는다.

덕망이 높은 군주가 공격을 받으면 모든 신하는 그를 위해 무기를 든다. 덕망이 높은 통치자는 백성을 사랑하고 자연을 경건히 여기기 때문에 천하무적이다.

파멸이 임박했다고 생각할 때는 사악한 사람과도 평화조약을 체결해야 한다. 이러한 평화조약은 적을 위한 것이 아니라 나의 시간을 벌기 위함이다.

가시나무에 둘러싸인 대나무 군락이 쉽게 뿌리 뽑히지 않는 것처럼, 많은 형제의 도움을 받는 군주는 쉽게 제압되지 않는다.

아무리 주변을 경계하고 근면 성실한 군주일지라도 자신보다 훨씬 강한 통치자로부터 공격을 받으면 안전하지 않다. 사자의 발톱 아래서 사슴은 생존할 수 없다(역주: 극복할 수 없는 상황에서는 평화조약을 체결해야 한다는 것으로 해석할 수 있다).

사자가 다 먹을 수 없을지라도 커다란 코끼리를 사냥해야 하는 것과 같이, 강력한 통치자는 영토나 재화의 일부만 얻기를 원할 때에도 상대를 죽일 수 있다. 그러므로, 자신의 안위를 위해서는 그러한 적과는 평화조약을 체결해야 한다.

'강한 적과는 싸우지 않는 것이 낫다'라는 것이 선각자들의 증언이다. 구름은 결코 바람을 거슬러 흘러갈 수 없다.

번영은 강한 적에게 하찮은 활시위를 당기는 사람이 아니라 적절한 시기에 제 기량을 발휘하는 사람에게 찾아온다. 낮은 곳으로 흘러가는 강물의 물줄기를 위로 돌릴 수는 없다.

언제, 어디서, 어느 적과 싸워도 승리를 거두는 모든 군주는 제왕으로서의 탁월한 기량의 발휘를 통해 세상을 관조할 뿐이다.

많은 전쟁에서 승리하여 평화협정을 체결한 군주는 심지어는 새롭게 사귄 우방까지도 동원하여 적을 휘어잡는다.

현명한 군주는 협정을 체결했다고 할지라도 적을 신뢰하지 않아야 한다. 옛날에 인드라(Indra)신은 브리트라(Vritra)와 적대 행위를 중지할 것을 공개적으로 선언했지만, 이를 믿고 브리트라가 자신의 경비병을 멀리했을 때 그를 베었다.

왕족으로서의 즐거움은 아들로서 이를 누리든, 아버지로서 누리든 간에 누리는 사람의 본성을 상당히 변화시킨다. 그래서 왕실 사람들의 삶의 방식은 보통 사람과 다르다.

강력한 적으로부터 공격을 받았을 때 군주는 자신의 성채 내부에서 피난처를 찾아야 하며, 자신을 강력한 적의 속박으로부터 벗어나려 한다면, 그 적보다 더 강력한 통치자에게 도움을 청해야 한다.

코끼리를 공격하는 사자와 같이, 군주는 자신이 갖추고 있는 우트사하샥티(Utsahasakti, 역주: 에너지, 민첩성, 신속성, 활동성 등의 종합이 종합된 힘을 말하며, 여기서는 '역량'으로 번역한다) '역량'을 제대로 평가해야 자신보다 우세한 대상을 상대할 수 있다.

한 마리의 사자가 커다란 어금니가 있는 천 마리의 코끼리 떼를 물리칠 수 있다. 따라서 상대적으로 약한 군주가 강한 대상을 쓰러트리기 위해서는 스스로 한 마리의 사자와 같이 분노할 수 있어야 한다.

통치자가 자신이 가진 모든 역량을 쏟아붓고, 군대를 동원하여 강한 상대를 격멸시킨다면, 다른 적들에 대해서는 통치자가 자신의 힘을 현시하는 것만으로도 정복할 수 있게 된다.

전쟁에서 승리를 쟁취하는 것이 의심스러운 경우, 상대방과 모든 측면에서 힘이 대등한 적과는 평화조약을 체결해야 한다. 브리하스빠티(Vrihaspati)는 "성공을 확신할 수 없을 때는 어떠한 사업도 시작해서는 안 된다."라고 하였다.

이러한 점을 감안해, 최고조의 번영에 도달하려는 목표를 지닌 군주는 모든 측면에서 대등한 적과 평화조약 체결을 해야 한다. 강도가 비슷한 항아리를 서로 부딪치면, 두 항아리 모두 파괴된다.

때때로 막연히 승리할 것이라는 기대감으로 불확실성이 큰 전쟁을 치르는 당사자 모두는 파멸을 면치 못할 것이다. 힘이 대등했던 순다(Sunda)와 우파순다(Upasunda)도 상대방과 싸워서 어느 누구도 상대방을 격멸시키지 못했지 않았던가(역주: 고대 인도의 서사시 Maha Bharat에 순다와 우파순다라는 악마 형제는 Nikumbha의 아들들이었다. 이들은 상대방이 아닌 어떤 사람도 이들을 해칠 수 없는 운명을 타고났다. 이들의 못된 짓을 지켜보던 Indra신은 Tilottama라는 아름다운 요정을 세상으로 내려보냈고, 이들은 이 요정 때문에 싸움을 하게 되어 결국 상대를 죽이게 된다)?

군주는 대단히 쇠약하고 힘없는 적이라고 할지라도 공격을 감행하는 시기에 재난이 닥치면 평화를 모색해야 한다. 열창에 떨어지는 한 방울의 물이 커다란 고통을 야기할 수 있다.

이러한 경우, 상대적으로 약한 군주는 상대방을 믿을 수 없기 때문에 제의해 온 평화를 거부해야 한다. 즉, 상대방의 신뢰를 획득하여 상대방이 방비할 수 없는 틈을 타서 무자비하게 짓밟아야 한다.

자신보다 강한 통치자와 평화조약을 체결한 후, 군주는 상대방을 기쁘게 하려는 온갖 노력을 다하여 신뢰를 쌓아야 한다.

힘이 약한 군주는 항상 감시를 받고 있다는 점을 유념하여 표정이나 행동이 드러나지 않도록 관리하며, 강한 통치자가 기뻐할 수 있는 말만 해야 한다. 그러나, 기회가 되면 강한 통치자에서 벗어나야 하는 자신의 책무(역주: 강한 통치자 암살 등)를 다해야 한다.

강한 통치자로부터 신뢰를 받게 되면 친밀감도 확보되고, 사적인 이익 추구 활동도 성공적으로 진행할 수 있을 것이다.

강한 통치자의 핵심 관료나 왕자들 심지어는 힘이 없을지라도 사리 분별이 명확한 사람들과도 견고한 관계를 구축함으로써, 힘이 약한 군주는 강한 통치자 내부에 분란을 야기시킬 수 있는 기반을 마련해야 한다.

힘이 약한 군주는 자신의 신분이 드러나지 않도록 강한 통치자의 핵심 관료들에게 값비싼 뇌물을 제공하거나, 반역을 모의하는 편지나 문서 등을 작성하여 전달한 후에 이들을 고발하는 등의 행위로 내부를 뒤흔들어야 한다.

이러한 제반 조치를 통해 현명한 군주가 강한 통치자의 핵심 관료들을 기소하는데 성공하게 되면, 강한 통치자는 가공할 만한 존재임에도 불구하고 자신의 신하들을 불신하게 되고 그들의 모든 행동을 의심의 눈초리로 보게 된다.

적의 장관들과 음모를 계획하면서 약한 군주는 강한 통치자를 분쇄하려는 노력이 너무 앞서 나가지 않도록 진정시키기도 해야 한다. 약한 군주는 주치의를 활용하거나 독극물을 주입하는 방법으로 적을 살해한다.

약한 군주는 강한 통치자와 바로 후방에서 접경하고 있는 통치자를 자극하여 분노시키는 모든 노력을 다해야 한다. 그런 연후에, 자신의 밀정을 신중하게 활용하여 강한 통치자를 격멸한다.

약한 군주는 강한 통치자의 영토 내에서 거주하면서 미래를 예측하는 모든 징표를 보유한 점성술사로 변장한 밀정으로 하여금 강한 통치자와 그 나라에 끔찍한 대재앙이 곧 덮칠 것임을 널리 퍼뜨리도록 한다.

약한 군주는 전쟁이 초래하는 손실, 지출, 피폐, 파괴를 감안하고 전쟁의 긍정적인 효과와 부정적인 효과를 저울질해 볼 때, 너무나 많은 나쁜 결과를 초래하는 전쟁보다는 어떤 고난이 수반되더라도 항복을 택하는 것이 낫다고 판단할 수 있어야 한다.

일단, 전쟁을 시작하면 목숨 부지가 최우선 관심사이며 부인, 친구 그리고 누리고 있는 부는 눈 깜짝할 사이에 의미가 없어진다. 이러한 중요한 것들은 전쟁 간 지속적으로 위험에 처하게 된다. 따라서 현명한 군주는 함부로 전쟁을 시작하지 않는다.

바보가 아닌 이상 어떤 군주가 전쟁을 시작하여 자신의 친구, 자신의 부, 자신의 왕국, 자신의 명성 그리고 심지어 자신의 생명까지 불확실성이라는 요람에 태우려 하겠는가?

평화를 갈망하는 약한 군주는 적의 군사가 자신의 국경선을 넘기 전에 회유, 선물이나 뇌물 또는 적 내부의 분란 조성 등을 통해 견고한 평화협정을 체결해야 한다. 평화협정을 체결하기 전에는 자신의 평화적 맹세를 결코 어기지 않아야 한다.

자신과 군대가 효과적으로 방어태세를 갖춘 후에, 공격을 받게 되면 군주는 모든 군사력을 집중하여 공격자에 피해를 가할 수 있도록 기동을 해야 한다. 그리하여, 후자가 커다란 위험에 직면하게 되면, 그가 먼저 평화를 위한 제안을 하도록 한다. 뜨거운 철이 서로 맞대어져야 융합이 된다(역주: 적이 커다란 위험에 직면하게 된다는 것은 군주의 군사도 사나운 기세로 공격을 가하거나 그 직전의 상태일 것인바, 이는 양측 모두가 열전 중에 있는 상태이며, 저자는 이를 뜨거운 철로 비유하고 있다).

지금까지 고대의 현자가 열거한 다양한 유형의 평화와 평화를 구축하는 방법에 대해 살펴보았다. 세상의 지배자인 군주는 자신의 역량을 발판으로 못된 적을 굴복시켜야 한다. 군주는 항상 무엇이 옳고 무엇이 그른지를 분별하여 행동해야 한다.

X. 전쟁에 대하여

▬

　인간은 상대의 잘못된 행위에 의한 피해와 복수심 때문에 서로 전쟁을 한다.

　인간은 또한 현상타파와 적의 압제를 극복하려 할 때나, 지형과 계절의 이점이 있을 때도 전쟁을 한다.

　전쟁은 왕국의 탈취, 여인의 납치, 영토 점령, 재화와 주요 동물 및 이동 수단(역주: 코끼리, 말, 전차 등)의 탈취, 거만, 병적인 명예 집착, 영역 침해, 보편적인 지식의 파괴, 위법행위, 제왕의 권위 손상, 잘못된 운명의 영향, 우방국이나 동맹국 지원, 무례한 처신, 우방국의 파괴 등으로도 발생한다.

　생명체에 대한 연민, 국가 구성요소의 세력 궤도(Prakriti Mandala)에 대한 불만, 동일한 목적물을 소유하려는 욕망의 충돌 등도 전쟁의 다양한 원인 중 하나라고 알려져 있다.

왕국의 탈취, 여인의 납치, 영토 점령 등에 의한 전쟁은 각각 왕국의 포기와 납치된 여성의 송환, 점령된 영토에서 주민 철수와 같은 정책을 기술적으로 펼치면 종결이 가능하다.

재산 파괴, 위법행위로 야기되는 전쟁은 법 질서의 회복과 파괴된 재산이 원상복구되면 종결될 수 있다.

영역의 침해는 침해한 영역에서 철수함으로써 전쟁은 종결된다.

재화의 탈취, 보편적인 지식의 파괴, 제왕의 권위 손상에 의한 전쟁은 탈취해간 재화의 반환, 용서 그리고 무시함으로써 종결될 수 있다.

동맹국이 억압과 박해를 가하여 발생하는 전쟁에 있어 군주는 무관심해야 하는 것이 마땅하다. 그러나, 자비로운 동맹국의 경우에는 목숨을 걸고라도 지원해야 한다.

모욕 때문에 발생한 전쟁은 명예를 제공하면 종전에 이를 수 있다. 어느 일방의 자만심과 자존심에 의해 발생한 전쟁은 화해와 속죄를 통해 전쟁을 그치게 할 수 있다.

우방국이나 동맹국의 파괴가 원인이 되는 전쟁을 종식시키기 위해 용감한 군주는 비밀스러운 방책이나 신비스러운 주문 등에 의지해야 한다.

2명의 통치자가 동일한 목표를 확보하기 위한 열망이 원인이 되는 전쟁에 있어 평화는 보다 분별력 있는 통치자가 왕실의 위엄에 손상이 가지 않는 범위 내에서 목표를 포기함으로써 달성된다.

재화의 일부분을 약탈당한 것이 원인이 되는 전쟁은 시작하지 않는 것이 바람직하다. 만약, 전쟁을 하게 된다면 모든 재화를 전쟁에서 잃을 수 있기 때문이다.

막강한 통치자와 전쟁이 불가피할 경우, 군주는 적 내부의 분열, 선물, 뇌물, 회유, 유혹 등을 비롯한 제반 정책을 동원하여 종전에 도달해야 한다.

만백성에게 연민의 정을 보여주는 것 때문에 발생한 전쟁은 만백성에게 유화적이고 온유한 말을 전함으로써 종식시킬 수 있다. 잘못된 운명의 영향에 의해 발생한 전쟁은 성직자가 제시하는 수단들로 운명을 달램으로써 종식시킬 수 있다.

불만을 품은 세력 궤도 내 도발 세력에 의해 발생하는 전쟁은 정책적으로 하나의 정책 또는 다른 정책을 적용함으로써 평정할 수 있다.

적대심을 제거하는 방법을 아는 사람들은 적대심의 영역을 다음의 다섯 가지로 설명하고 있다. 적대심은 (1)쟁의식에 의해 생겨난다. (2)영토분쟁의 원인이 된다. (3)여자문제가 근본에 자리 잡고 있기도 하다. (4)무책임한 밀정에 의해 생겨나기도 한다. (5)어느 일방의 잘못이나 침범이 원인이 되기도 한다.

바후단티의 아들(역주: 고대 인도의 정치철학자 Vahudanti의 아들은 Indra로 알려져 있다)은 적대심의 발생 원인에는 단지 4개의 유형이 있다고 하였는바 (1)어느 일방의 영토 침범, (2)제왕적 힘의 편파적인 행사, (3)영역의 경계에 대한 분쟁, (4)세력 궤도(Mandala) 내에서 균형의 파괴(역주: 12개 국가로 형성된 세력 궤도가 불안정하게 되는 것을 의미한다)가 그것이다.

혹자는 적대심에는 (1)세습에 의해 생겨나는 것, (2)잘못이나 침범에 의해 형성되는 것의 두 가지가 있다고 주장한다.

이익이 적은 전쟁, 아무런 이익도 취득할 수 없는 전쟁, 성공이 의심스러운 전쟁은 수행하지 않아야 한다(역주: 저자는 이 단락부터 피해야 할 전쟁의 유형을 기술하고 있다).

상대의 능력을 알지 못하고 수행하는 전쟁, 사악한 자와 수행하는 전쟁, 현상 유지에 도움이 되지 않는 전쟁, 미래에 어떠한 이익을 담보하지 못하는 전쟁, 타인을 위한 전쟁, 여자를 위한 전쟁, 적절한 기간을 넘어선 장기간의 전쟁, 브라만에 반하는 전쟁, 계절을 거슬리는 전쟁, 신이 돕는 자를 상대로 하는 전쟁, 막강한 힘이 있는 우방국이나 동맹국을 보유한 국가와의 전쟁, 현재에는 이익이 되나 미래에는 아무런 이익이 되지 않는 전쟁, 미래에는 이익이 될 수 있으나 현재에는 아무런 이익이 없는 전쟁과 같은 16가지 유형의 전쟁을 현명한 군주는 시작해서는 안 되며, 강한 의지로써 이러한 전쟁이 일어나지 않도록 해야 한다. 현명한 군주는 현재는 물론이고 미래에도 이익이 되는 경우에만 전쟁을 개시해야 한다.

군주는 현재와 미래 모두에 도움이 되는 행동을 하는데 관심을 두어야 한다. 현재와 미래의 선을 생산하기 위한 행동을 하는 군주는 언제나 자신이 행하는 행동에 대해 떳떳하다.

학식이 있는 사람은 현재 세상과 다음 세상 모두에서 자신에게 선이 되는 행동을 해야 한다. 현재 세상에서 하찮은 부와 쾌락에 현혹되어, 다음 세상에서 자신이 살아가는데 아무런 도움이 되지 않는 일을 결코 하지 않아야 한다.

다음 세상에서 자신에게 해로운 방향으로 행동하는 사람과는 거리를 두고 피해야 한다. 이러한 명제가 진실이라는 것은 학문적으로 입증이 되었다. 그러므로 인간은 경건하게 살아가면서, 자신에게 이익이 되는 삶을 살아야 한다.

지혜로운 군주라면 자신의 군대는 사기가 높고 훈련이 잘되어 있으며, 적은 그 반대의 상태일 때는 전쟁을 시작해도 된다.

군주는 자신의 국가 구성 요소의 세력 궤도가 번성하고

자신에게 충성을 다하는 반면, 적은 그 반대의 상태일 때 전쟁을 개시해도 된다.

영토, 동맹 그리고 부의 획득은 전쟁을 통해 얻는 세 가지의 결실이다. 전쟁을 통해 이러한 세 가지를 획득하는 것이 확실하다고 할 때는 전쟁에 따른 위험을 감수할 수 있다.

부의 획득도 바람직하지만, 보다 더 바람직한 것은 동맹의 획득이며, 가장 바람직한 것은 영토의 획득이다. 모든 번영은 영토의 소유로부터 비롯되며, 우방국과 동맹국은 국가가 번영하면 자연스럽게 얻어진다.

나와 번영의 수준이 대등한 적에 대해, 분별력 있는 군주는 술책을 써야 한다. 제반 술책이 확실히 효과를 나타낸다면 전쟁 수행도 긍정적으로 검토해야 한다.

전쟁 예방을 위한 모든 조치에도 불구하고, 이미 전쟁이 시작되었다면, 노련한 군주는 모든 방책을 동원하여 종전이 되도록 해야 한다. 승리는 불확실한 것이므로, 군주는 충분한 고려 없이는 전쟁을 수행하지 않아야 한다.

보다 강한 적의 공격을 받았을 때, 번영을 지속적으로 누리고자 하는 군주는 뱀처럼 하는 행동이 아니라 지팡이처럼(역주: 차분하게 하나하나를 확인하고 점검하는 것을 의미한다) 행동해야 한다.

지팡이처럼 행동하는 자는 측정하기 어려운 부를 서서

히 되찾게 되지만, 뱀처럼 행동하는 자에게는 파멸이 찾아온다.

현명한 군주는 미친 사람 또는 술에 취한 사람처럼 행동하면서 때를 기다려야 한다. 그러다가 때가 찾아오면, 적의 힘이 전혀 빠지지 않았을지라도 순간적인 기습을 통해 적을 철저히 분쇄시켜야 한다.

약한 군주는 등껍질에 몸을 감춘 거북이처럼 적이 가하는 고통을 끈기 있게 참아낸 후에, 적절한 때가 오면 똬리를 틀고 있는 뱀이 먹이를 낚아 채는 것처럼 신속하게 행동해야 한다.

시기를 판단함에 있어, 군주는 어떤 때는 산처럼 버티고 어떤 때는 불처럼 분노해야 한다. 또한, 때로는 적을 어깨에 짊어지고서도 견디어야 하고, 달콤한 말과 아첨으로 그를 기쁘게도 해야 한다.

적의 환심을 사기 위해 군주는 대단히 어렵겠지만 자신을 돌보듯이 적을 돌보면서 적이 목적하는 것이 무엇인지를 알아내야 한다. 이후, 적절한 시점에 정당한 외교적 수단을 활용하여 번영의 여신이 자신의 편이 되도록 꼭 잡아야 한다.

가문이 좋고, 진실되며, 힘이 있고, 결단력이 있으며, 은혜를 알고, 지나친 열정을 자제하고, 호쾌하며, 부하에게 상냥한 통치자는 진압하거나 패퇴시키기 어려운 적이라고 한다.

 통치자가 진실되지 않으며, 잔인하고, 감사할 줄 모르며, 두려움이 많고, 부주의하며, 어리석고, 기뻐할 줄 모르고, 자존심이 없고, 게으르며, 여색을 탐하고, 도박에 중독되는 것 등은 번영을 망치는 원인들이다.

 현명한 군주가 이러한 악마의 습관과 결함을 적에게서 찾아냈다면, 적을 정복하기 위해 진격해야 한다. 적을 정복할 수 있을 때 정복하지 않는 것은 스스로 파멸의 길로 들어서는 것이라고 현자들은 말한다.

 자신의 왕국을 보다 낫게 발전시키고, 자신의 입지를 보다 공고히 하려는 열망이 있는 군주는 밀정을 통해 세력 궤도 내 국가의 내부 사정과 통치자들의 움직임을 꿰뚫어 보면서 모든 노력을 다하여 반드시 승리할 수 있도록 준비를 한 후에 전쟁의 길로 가야 한다.

XI. 탁월한 책략가와 신하 그리고 정부

대단히 강력하고 열정이 넘치는 통치자의 탁월한 많은 자질에 매료되어 충성을 다하는 신하들을 거느리고 승리를 쟁취하기 위해 원정을 떠나는 것을 '진격'(Yana) 이라고 한다.

비그리키야(Vigrikya), 산다야(Sandhaya), 삼부야(Sambhuya), 빠라산가(Parsanga) 그리고 우펙샤(Upeksha)는 진격(Yana)의 다섯 가지 유형이라고 책략가들은 언급해 왔다.

통치자가 강력한 군사력으로 적을 격멸하기 위해 전진해 나가는 것을 비그리히야 야나(Vigrihya Yana, 역주: Vigrihya는 싸워서 획득하는 것을 의미하는 바 여기서는 '쟁취'라는 용어가 적절하다) '쟁취를 위한 진격'이라고 부른다.

우방국의 지원을 받는 군주가 군사력으로 적의 우방국을 완전히 격멸하기 위해 진군하는 것은 비그리히야 가마나(Vigrihya gamana)라고 하며 이것은 또 다른 유형의 쟁취를 위한 진격이다.

후방의 적과 평화조약을 체결한 후에, 승리를 갈망하는 군주가 다른 적을 향해 진군하는 것을 사나하야 가마나(Sanahaya gamana) '평화조약 후 진격'이라고 한다.

군주가 호전적이고 강력한 이웃 국가와 결탁하여 공동의 적을 향해 진군하는 것을 삼부야 가마나(Sambhuya gamana, 역주: Sambhuya는 연합 또는 공동을 의미한다) '연합 진격'이라고 한다.

수리야(Suryya)와 하누만(Hanuman)처럼(역주: 수리야와 하누만은 힌두 신화에 등장하는 신으로 둘은 서로 절친한 친구는 아니었지만, 공동의 적을 격멸하기 위해 연합하였다) 두 군주가 연합하여 자신들의 국가 구성 요소의 안전을 위협하는 공동의 적을 격멸하기 위해 진군하는 것도 '연합 진격'의 두 번째 유형이다.

역량이 다소 부족한 이웃 국가를 설득하여 성공하면 보상을 해주기로 약속하고 군주의 적을 향해 진군하도록 하는 것은 '연합 진격'의 세 번째 유형이다.

특정한 적을 향해 진군을 하던 중에 우발상황이 발생하여 다른 적을 향해 진군하는 것은 쁘라상가 야나(Prasanga Yana) 즉, '우발적 진격'이라고 부른다.

강력한 군주가 성공할 것으로 확신하는 적을 향해 진군을 하던 중에, 관심을 두지 않았던 적의 우방국으로 진군해야 하는 것을 우펙샤 야나(Upeksha Yana) 즉, '무관심 진격'이라고 한다. 이러한 '무관심 진격'에 의지하여, 다난자야(Dhananjaya)는 이미 자신에 의해 추방당한 니바트카바차스(Nivatkavachs)가 죽음을 면할 수 있도록, 황금의 도시 (Dhanavas의 거주지)의 주민을 도륙했다.

색탐, 알코올 중독(약물 중독), 사냥, 도박 그리고 다른 다양한 종류의 피할 수 없는 재앙을 비야사나(Vyasana)라고 한다. 이러한 비야사나에 의지해 사는 사람을 비야사닌(Vyasanin)이라고 하며, 이들에 대해 적대적 의도를 가지고 진격하는 것은 정당하다.

군주와 적, 모두가 힘을 소진하여, 또는 힘을 충전하기 위해 잠시 동안 전쟁 수행(또는 전쟁의 시작)을 중단하는 것을 아사나(Asana) 즉, '정지'라고 한다. '정지'에는 다섯 가지 유형이 있다.

군주 또는 적이 상대방의 작전계획을 좌절시키는 노력의 전개를 위해 일시적으로 정지하는 것을 비그리히야사나(Vigrihyasana) '쟁취를 위한 정지'라고 한다. 즉, 군주가 적을 포위하기 위한 일시적 정지도 '쟁취를 위한 정지'이다.

적을 적의 성채의 거점에서 함락시키는 것이 불가능할 때, 군주는 적을 그 연합국과의 관계를 단절시키고 도로를 차단(지방에서 지원군이 접근하는 경로)하기 위해 포위를 한다.

연합국과의 관계 단절과 지방과의 교통로를 차단하는 것은 적의 힘을 약화시키고 국가 구성요소가 통합되지 못하도록 하는 효과가 있다. 이렇게 하여 군주는 서서히 적이 자신의 통제하에 들어오도록 해야 한다.

적과 군주 모두가 전쟁에서 피해를 보아, 정전협정을 체결하기 위해 행위를 중단하는 것을 산디야사남(Sandhyasanam) '평화를 위한 정지'라고 한다.

심지어, 적을 분쇄하는 라바나(Ravana)도 니바타카바차스(Nivatakavachas)와 싸워야만 했을 때 브라흐마(Brahma)를 인질로 제공하고 '평화를 위한 정지'에 의존해야 했다.

군주가 인접 강국이나 역외 강국과 힘이 대등해지기 위해 군사력을 집결시키고, 우방국 군이 도착하기를 기다리면서 공격을 준비하는 것을 삼부야사남(Sambhuyasanam) 즉, '연합을 위한 정지'라고 한다.

만약, 우바야리(Uvayari, 역주: 역외강국을 의미하는 Madhyama와 동의어이다.) '역외 강국'이 군주와 적을 격멸하기를 원하고, 스스로가 군주와 적을 합한 것보다 강해지려고 한다면, 역외강국은 상가다르만(Sangha dharman, 역주: 다른 나라들과 연대하여 행동하는 것을 의미한다) 즉, '연대'를 감수해야 한다.

군주가 특정한 장소(또는 사람)에 접근하기를 원했으나, 우발 상황이나 기타 사유로 정지하고 최초 의도했던 곳과 다른 장소에 먼저 접근해야 하는 것을 쁘라상가사나(Prasangasana, 역주: 여기서 먼저 접근은 전력 강화를 위해 우방국과 연합하기 위한 것이나, 적을 격멸하기 위한 공격 장소도 의미할 수 있다) '우발적 정지'라고 한다.

자신보다 훨씬 강한 적 앞에서 분명히 무관심한 태도를 취하는 군주를 우펙샤사나(Upekshasana, 역주: 강한 적이 군주에 대해 자신감을 단념하도록 하는 일종의 기만으로 다음 행동을 하기 위한 정지로 해석할 수 있다) 즉, '무관심 정지'라고 한다.

또한, 군주가 다른 몇 가지 요인(애정, 사랑 등)으로 특정 행동에 대해 무관심을 보이면서, 효과적인 대처방안이 있음에도 소극적으로 대처하는 것도 우펙샤사나 즉, '무관심 정지'의 일종이다.

강력한 두 개의 적 사이에서, 군주는 행동이 아닌 단지 말로만 두 개의 적 모두에게 항복하고, 마치 까마귀의 눈동자처럼 양쪽 중 어느 누구에게도 발각되지 않는 이중 거래를 해야 한다(역주: 고대 인도에서 까마귀는 눈동자가 하나밖에 없으며, 필요할 때마다 눈동자를 이쪽저쪽으로 옮기는 것으로 알려져 있었다).

강력한 두 개의 적 중에서 군주는 보다 급박한 위협을 가하는 적에 대해 공허한 약속을 하여 그 기세를 누그러트려야 한다. 그러나 두 개의 적이 동시에 공격해 온다면, 군주는 보다 강한 적에게 항복해야만 한다.

강력한 두 개의 적이 군주의 이중 거래에 따른 양면성을 확인하고 자신이 제의한 평화를 거부한다면, 군주는 두 개의 적 모두와 적대 관계에 있는 국가를 자신의 편이 되도록 설득해야 한다. 만약, 설득에 실패한다면, 군주는 두 개의 적 중에서 더욱 더 강력한 적에게 의탁하여 피난처를 찾아야 한다.

다이디바바(Daidhibhava) 즉, '이중 거래'에는 '독자적'인 것을 뜻하는 스와탄트라(Swatantra) 와, '의존적'인 것을 뜻하는 빠라탄트라(Paratantra)라는 두 가지 유형이 있다. 첫 번째 유형인 '독자적 이중거래'는 위에서 설명하였다. 두 번째 유형인 '의존적' 이중 거래는 적대관계에 있는 두 명의 통치자 모두로부터 보상을 받는 것이다.

군주가 매우 강력한 적으로부터 공격을 받고 있고, 재앙을 모면하기 위해서는 그에게 항복하는 것 외에는 다른 수단이나 방법이 효과가 없다고 판단할 때, 그는 가문이 좋고 믿을 수 있고 자비로우며 적보다 더 강력한 통치자에게 보호를 청하고 의탁하는 방책을 모색해야 한다.

강력한 통치자를 보호자로 하여 의탁을 청하는 경우, 의탁하는 자는 보호자를 주군과도 같이 높이 받들어 숭상하는 모습을 보이고, 보호자가 생각하고 의도하는 것이 무엇인지를 파악하며, 자신이 수행하는 모든 과업은 보호자를 위한 것이며 또한 보호자에게 절대복종하는 것이 다른 사람의 보호를 받기 위해 의탁하는 자가 준수해야 할 책무이다.

  A. 의탁자는 보호자를 정신적 지주로 간주하고, 매우 공손한 태도를 보이고 낮은 자세로 임하면서 시간을 보내야 한다. 이러한 연대 관계 하에서 자신의 힘을 기르면, 다시 한번 독립적인 존재가 될 수 있을 것이다.
  B. 목숨이 경각에 달려 있을 때는 피난처 없이 남아 위험에 노출되지 않도록, 평화를 파괴한 공격자에게라도 자신의 군대 또는 재화 또는 영토 또는 특산품 등을 바치고 의탁해야 한다.
  C. 급박한 어려움에 직면했을 때, 목숨을 부지하기 위해서는 모든 것을 포기할 수 있어야 한다. 살아 있다면, 결국에는 잃어버린 왕국을 되찾을 기회는 여러 번 있을 것이다.
  D. '살아만 있다면, 100년이 지난 후라고 할지라도 기쁜 소식은 들려올 것이다.'라는 것은 잘 알려진 경구이다.
  E. 가정을 위해서는 가족 중 한 사람을 희생시킬 수 있어야 하고, 마을을 위해서는 한 가정을 버릴 수 있어야 하며, 국가를 위해서는 하나의 마을을 포기할 수 있어야 한

다. 가장 중요한 것으로 자신의 생명을 위해서는 세상을 바칠 수 있어야 한다는 것이다.

F. 의탁자가 자신의 힘을 길렀거나, 재앙이 적을 위협(역주: 여기서 재앙은 군주를 공격했었고 현재는 군주가 의탁해 있는 보호자가 헤어나기 어려운 자연적 및 인공적 상태에 처하게 되는 것을 말하며, 지나친 주색이나 노름의 탐닉도 의미한다)하면, 의탁자는 적(보호자)에게 도전을 하기 위해 숨겨 놓았던 능력을 발휘하여, 사자와도 같이 민첩하고 기민하게 적을 격멸해야 한다.

G. 충분한 사유나 원인 없이 경쟁 관계에 있는 약한 또는 강한 통치자와 성급하게 연합 관계를 맺으려 해서는 안 된다. 연합 관계에는 인명이나 돈 그리고 탄약을 잃거나 반역자로 몰릴 위험이 도사리고 있다.

H. 심지어 자신의 아버지와 연합을 하려고 할 때도, 군주는 그를 믿지 않아야 한다. 사악한 자는 신뢰를 보내면 거의 언제나 이를 역으로 이용하여 해를 끼친다.

I. 외교정책에는 6가지 유형이 있다. 그러나 혹자는 외교정책에는 단지 2가지 유형만이 존재하며, 진격(Yana)과 정지(Asana)는 전쟁(Vigraha)에 포함되며, 나머지인 이중 거래(Daidhibhava)와 피난처 모색(Asraya)은 평화(Sandhi)의 다른 형태에 불과하다고 본다.

J. 공격하는 왕은 전쟁이 진행되는 과정에서 진격과 정

지를 한다는 점을 고려하면, 진격과 정지는 전쟁의 형태로 보는 것이 바람직하다는 것이 현자들의 의견이다.

K. 일종의 평화 없이는 이중거래나 피난처 모색이 불가능하다는 점을 고려해볼 때, 이 2가지는 평화의 다른 형태에 불과하다고 현자들은 언급한다.

L. 일종의 평화가 달성된 후에 행해지는 것은 평화의 한 유형으로 인식되어야 하고, 전쟁이 선포된 후에 행해지는 것은 무엇이든 전쟁의 부분으로 간주되어야 한다.

M. 외교정책에는 단지 2가지 유형이 있다고 주장하는 사람들은 그것을 평화와 전쟁으로 규정한다. 그러나 3가지 유형이 있다고 하는 사람들은 위에서 언급한 평화와 전쟁에 더하여 피난처 모색(Samsraya)을 제시한다.

N. 강력한 공격자로부터 탄압을 받게 되면, 왕은 보호를 받기 위해 보다 강한 상대를 찾아 나서게 되고, 이것이 바로 피난처 모색(Samsraya)이다. 다른 형태의 연합은 평화(Sandhi)이다. 본 항은 브리하스빠티의 의견이다(역주: 피난처 모색은 자신의 목숨을 구하기 위한 것이고, 연합은 함께 싸우기 위한 것으로 구분할 수 있다).

O. 엄격히 말하면, 외교정책에는 단 한가지 즉 전쟁만이 존재한다. 평화와 다른 정책들은 전쟁의 결과에 지나지 않는다. 상황 또는 진행되는 단계에 따라 전쟁 자체가 6개의 정책으로 증가된다.

P. 외교정책의 6가지 유형에 정통한 군주는 밀정을 운용하고 전문적인 의견을 제시하는 장관들과 함께 비밀스러운 사안과 계획에 대해 의견을 교환하고 자문을 받아야 한다.

Q. 자문의 본질을 잘 이해하는 군주는 어렵지 않게 번영에 도달하는 반면, 그렇지 않은 통치자는 그가 독립적인 위치에 있다고 해도 경쟁자(또는 학문이 높은 현자)에 의해 쉽게 제압당한다.

R. 잘못된 찬송가 때문에 제물이 그 빛을 발하지 못하고 파괴되는 것처럼, 잘못된 장관(책사) 때문에 군주는 모든 측면에서 적으로부터 파괴된다. 따라서 군주는 장관(책사)의 조언에 대해 세심한 관심을 기울여야 한다(역주: 저자는 힌디어의 동음 이의어인 mantra를 대비시켜 설명하고 있는바, 전자의 mantra는 '찬송'을 의미하며, 후자의 mantra는 '장관'을 의미한다).

S. 국무에 대한 조언은 학문이 높음은 물론이고 신뢰할 수 있는 현자로부터 받아야 한다. 그러나 신뢰할 수 있으나 바보스럽거나, 학문은 높으나 신뢰할 수 없는 사람은 반드시 멀리해야 한다.

T. (책사를 물색함에 있어)군주는 정식으로 교육을 받은 사람, 신앙심이 깊은 사람, 과거에 몸소 성공을 구현한 사람, 강직한 길을 걸어온 사람 그리고 성공을 향해 나가

고 있는 사람의 범주를 벗어나지 않아야 한다.

U. 학문이 내포하고 있는 규정을 무시하는 군주는 쉽게 적의 수중에 떨어지게 되며, 적의 날카로운 칼맛을 보지 않고는 이전의 모습으로 돌아갈 수 없을 것이다.

V. 훌륭한 책사의 자문은 열정과 위엄보다 더 큰 힘을 발휘한다. 열정과 위엄을 갖추었던 카비얄(Kavyal, 역주: Asuras의 스승)은 '자문의 힘'이라는 수단을 지닌 천상의 성직자에 의해 파괴되었다.

샤스트라의 가르침을 알지 못하는 사자는 상대를 능가하는 물리적 힘만으로 코끼리를 사냥한다. 지혜롭고 학식을 갖춘 현자는 그러한 사자 수백 마리를 길들이고 복종시킬 수 있다.

먼 미래에 어떤 일이 있을지를 알 수 있고, 올바른 수단을 사용하여 항상 성공하는 현자와 진지하게 토의를 하는 군주는 성공의 열매를 거두는데 있어 결코 실패가 없다.

군주는 정당한 수단으로 자신의 목적이 달성되기를 갈망해야 한다. 시간(때)의 이점을 활용하여 적을 공격해야 한다. 용기와 열정에 지나친 의존은 종종 후회의 원인이 된다.

할 수 있는 것과 할 수 없는 것은 항상 지혜의 불빛으로 밝혀 내야 한다. 코끼리가 머리로 바위를 들이받으면, 남는 결과는 부러진 어금니밖에 없다.

실행이 불가능한 일을 하려는 사람이 좌절이 아닌 그 무엇을 얻을 수 있겠는가? 아무것도 없는 빈 공간에서 한 입이라도 베어 먹으려 하는 사람의 입에는 무엇이 채워질까?

어리석은 곤충처럼 불 위에 떨어지지 마라! 안전하게 만져도 되는 것만 만져라! 불 위에 떨어지는 곤충은 자신의 몸을 태우는 것 외에 무엇을 얻을 수 있겠는가?

얻을 수 없는 것을 얻기 위해 노력하는 어리석은 행동은 위험을 초래하며, 헛된 노력은 후회만을 불러올 것이다.

필요한 곳에 적절한 지식을 사용하고, 면밀하게 계산된 행동을 하는 군주는 산의 최고봉에 오른 것과도 같이 최고 수준의 번영을 이룰 수 있다.

왕족의 품위를 지키는 것은 매우 어렵고, 왕족은 만백성으로부터 존경을 받는 대상이다. 왕족은 성직과도 같아서 사소한 잘못을 범해도 얼룩이 번진다.

정지(Asana)의 본질을 잘 아는 통치자가 영토를 획득하고 보전하는 행동은 정치 논리에 합치되는 것으로서 좋은 나무가 오랫동안 풍성한 열매를 생산하는 것과 같은 이치이다.

정치 논리에 합치되는 행동이 결실을 수확하는 데 실패한다고 할지라도, 어리석음에서 출발한 행동이 초래하는 괴로움과는 비교할 수 없다.

올바른 방법으로 시작된 행동이 모든 사람의 기대와는 다른 결과를 가져온다고 할지라도 운명의 장난이 작용한 것을 감안하여 그 행위자는 책망을 받지 않아야 한다.

현명한 사람은 성공하기 위해서 우선적으로 노력을 다해야 한다. 노력 이외에 내가 할 수 없는 나머지는 언제든 끼어들 수 있는 운명에 맡겨야 한다.

현명한 군주는 나와 적의 상태를 진지하게 살펴본 후에 원정을 떠나야 한다. 즉, 피아의 강점과 약점을 파악해야 하며 이를 위해 전문적 식견을 갖춘 자의 자문은 필수적이다.

현명한 정치인은 완전히 황폐화되거나, 커다란 위험을 초래하거나, 성공이 의심이 되거나, 지울 수 없는 적개심을 초래하는 행동을 해서는 결코 안 된다.

현재는 물론이고 미래에도 흠이 없는 행위, 정당한 방식에 의한 행위, 현재와 미래에 축복을 가져오는 행위들은 언제나 경배의 대상이다.

선이 행하여지는데 방해되지 않고, 행위자에게 어떠한 비난도 초래하지 않는 그러한 행위는 수행될 당시에는 선뜻 받아들이기 어려울지 몰라도, 결과적으로 환영 받는 행위가 된다.

어떤 행위를 성공으로 승화시키려면, 처음부터 지식이라는 수단에 의지하는 것이 바람직하다. 그러나 가끔 어떤 사람은 사자와 같은 행동(역주: 폭력이라는 수단)에 의지하여 성공하기도 한다.

무력으로 사악한 자의 재화를 획득하는 것은 대단히 어렵다. 그러나 정책적 수단에 의지한다면, 미쳐 날뛰는 코끼리도 그 정수리에 발길질을 하여 쓰러트릴 수 있다.

우리가 사는 이 세상에서 학식과 지혜를 갖춘 자가 성취하지 못할 것은 아무것도 없다. 철과 같은 금속은 어떠한 물체도 투과되지 않는 것으로 알려져 있으나, 열을 가하는 것과 같이 적절한 과학적인 방법을 사용하면 액체가 된다.

벼리지 않은 칼은 어깨에 매고 다녀도 베이지 않는다. 그러나 조금이라도 벼리는 순간에 칼은 적 도륙과 같이 요망하는 목적을 달성하는 수단으로 변한다.

물이 불을 끄는 것은 자명한 사실이다. 그러나, 적절한 조치를 하면 불이 물을 증발시킨다.

독은 복용하면 안 되며, 만약 복용한다면 치명적인 결과를 가져온다. 그러나 독을 다른 물질과 혼합하면 성분이 변하여 약으로 사용된다.

알려지지 않은 것을 밝히는 것, 알려져 있는 것을 결정하고 해결하는 것, 의심스러운 주제에 대한 의구심을 해소하는 것, 일부분만 알려져 있는 것에 대해 나머지 부분을 밝히는 것 등은 장관의 책무이다.

인간은 현자가 정한 규범을 따르면서, 타인을 결코 경멸하거나 무시해서는 안 된다. 인간은 가치 있는 조언을 얻기 위해 다른 사람이 언급하는 내용을 놓치지 말고 청취해야 한다.

획득하지 못한 것의 획득, 이미 획득한 것을 지키는 것은 군주가 독창성과 역량을 발휘해야 하는 2가지 분야이다.

성공한 통치자의 위엄과 사치는 대단히 아름다우나 성공해 본 적이 없는 통치자가 위엄을 떨고 사치를 부리는 것은 조롱거리에 지나지 않는다.

행실이 거만하고 어리석은 통치자는 장관들로부터 무시를 당하며, 자문을 하는 원로들의 조언도 헛된 것이 되어 얼마 지나지 않아 적에게 정복당한다.

책사들은 군주의 자녀들처럼 철저히 보호받아야 한다. 책사들이 파괴되면 군주의 파멸이 뒤를 따른다. 반면에 책사들이 철저히 보호받으면, 왕실 또한 훌륭하게 명맥이 이어지게 된다.

책략에 능숙하고 사자처럼 행동하는 군주의 행동은 일체 노출되지 않아야 하고, 가족 구성원들에게도 행동이 실행에 옮겨져 본궤도에 올랐을 때에야 비로소 알려져야 하며, 여타의 사람들에게는 행동이 모두 완료된 다음에 알려야 한다.

현자는 현재로서도 바람직하고, 미래에 후회를 불러오

지 않으며, 너무 길지 않은 장기간에 걸쳐 일련의 바람직한 결과를 가져오는 지침을 군주에게 건의해야 한다.

군주의 지침은 군수지원, 목적을 달성하는 수단, 시간과 지형의 이점, 재난의 회피(역주: 보이지 않는 위험 또는 천재지변의 회피로 해석한다), 그리고 최종적인 성공(역주: 문맥상 성공적인 전쟁을 수행한 이후의 안정화를 달성하는 방안으로 해석한다)이라는 5분야로 구성된다.

시작한 모든 행위는 완료해야 한다. 행위가 시작되지 않았다면, 즉시 착수되어야 한다. 행위가 완료되면, 그 결과가 적절한 수단에 의해 영원히 지속되도록 해야 한다.

군주가 내리는 지침의 본질과 중요성에 정통한 사람은 특정 행위를 수행하기 위해 적용해야 할 조치와 마음에 와닿는 수단에 대한 지침이 가능한 한 신속히 완성되도록 지시해야 한다.

자문관이 진정으로 동의하고, 어떠한 의혹도 야기하지 않는 행위, 도덕적으로 정당한 행위, 오직 그러한 행위들만이 지침으로 채택되어야 한다.

장관들이 군주의 지침을 완성하면, 군주 자신이 그것을 다시 진지하게 검토하여 어떠한 결함이나 결점도 배제될 수 있도록 해야 한다. 현명한 군주는 최소한 자신의 이익에는 해가 가지 않도록 행동을 해야 한다.

장관들은 자신들의 이익 증진을 위해 전역(campaign)

이 오랫동안 지속되기를 원하기도 한다. 전역이 상당한 기간 동안 지속되면, 군주는 장관들의 손에 놀아나는 꼭두각시가 될 수 있다.

기쁜 마음, 열성, 활발한 감각기관 상태, 지지자와 우방의 단합된 행동, 관심사가 긍정적으로 발전하는 상태 등은 성공의 전조이다.

신속한 진행, 방해받지 않는 사전 준비 작업, 풍부한 자원 등과 같은 것들은 진행 중인 사업이나 행위의 성공을 예감하는 징표이다.

군주의 지침은 최종적으로 하달되기 전까지 거듭 검토되고, 비밀이 철저히 유지되어야 한다. 지침이 소홀히 다루어지고 조기에 누설되면, 사나운 불길에 던져진 것처럼 군주는 파멸에 이른다.

일반에게 공개되지 않은 지침은 군주, 장관, 밀정들 상호간에 비밀이 지켜지도록 해야 한다. 지침의 누설은 지침 작성에 참여한 사람들의 친구나 친척을 통해 이루어진다.

호기심, 부주의, 분노, 잠꼬대, 측근의 여자, 멸시받는 또는 관심 밖의 생명체(역주: 대표적인 생명체가 앵무새이며 인도의 이야기를 하는 앵무새는 인간의 대화를 수 분간 그대로 읊조리는 능력을 지니고 있다)는 종종 군주의 지침을 성급하게 누설하는 원천이다.

군주는 지붕이 있는 곳, 대화가 울리는 기둥이 없는 산림 속, 대화가 새어나가는 창문이 없는 곳, 염탐꾼이 몸을 감출 구석이 없는 곳에서 회의를 해야 한다. 또한 군주는 자신을 감시하는 눈이 없음을 확인해야 한다.

방풍 또는 방수구가 없는 방, 외딴곳에 위치한 방, 적이 엿들을 수 없는 방, 강한 바람 소리가 들리지 않는 방, 기둥이 없는 방, 사람들의 빈번한 왕래가 없는 방, 그러한 방에서 군주는 정화의식을 한 후에 회의를 개최해야 한다.

내각 회의의 구성원에 대해 마누(Manu)는 12명, 브리하스빠티(Vrihaspati)는 16명, 우사나스(Usanas)는 20명이 적절하다고 주장한다.

다른 사람들은 훌륭하고 자격을 갖춘 가급적 많은 각료들로 내각을 구성하는 것이 바람직하고 말한다. 내각의 정식 구성원이면서 생각이 올바른 관료와 함께 군주는 자신의 구상 또는 행동의 성공을 촉진시키기 위해 회의를 개최한다.

어떤 사람은 특정한 행위 또는 임무를 위해 군주는 각각의 분야에서 신뢰하는 5명 또는 7명 이상을 회의에 참여시켜야 한다고 주장하기도 한다.

자신의 안녕을 모색하는 군주는 각각의 각료들과 주제에 대하여 개별적으로 협의를 한 후에, 각각의 의견에 대해 신중하게 그 가치를 검토해야 한다.

군주는 다른 자문관들의 의견을 검토한 후에, 지혜롭고 정치학에 합치되도록 행동을 하고, 많은 사람의 지지를 받는 장관들이 추천하는 지침을 기초로 행동해야 한다.

일단 지침을 공식화한 후에는 즉시 행동으로 이행될 수 있도록 시간을 결코 낭비해서는 안 된다. 그러나 어떤 사유로든 시간이 낭비되었다면, 지침은 적절한 방법으로 보완되어야 한다.

현명한 군주는 아무런 행동도 하지 않으면서 시간을 보내서는 안 되며, 행동하기에 적절한 복합적인 상황을 빠른 시간 내에 조성해야 한다.

현자의 발자취를 따르면서, 현명한 군주는 자신의 구상을 적절하게 실행에 옮겨야 한다. 적시에 적절한 방법으로 노력한다면, 군주는 성공적인 행동에 따르는 달콤한 열매를 즐길 것이다.

군주는 자신의 구상의 밝은 면과 어두운 면을 주의 깊게 살피면서, 자신에게 유리한 시간과 장소의 이점을 최대한 활용하고 믿을 수 있는 동맹의 지원을 받으면서 자신의 역량 확대에 도움이 되는 것이 무엇인지(예를 들면, 도시와 마을의 획득)를 계산해야 한다. 군주는 결코 서두르지 않아야 한다.

적의 강점이나 다른 측면에 대한 검토 없이 경솔한 통치자는 거만하게도 "나는 가장 힘이 세다"라고 생각하면서 신하들의 충정 어린 건의를 무시하고 자신을 몰락의 길로 안내할 공격을 감행하기도 한다. 그러한 통치자는 편협하고 분별력이 없으며, 자신이 무엇을 하고 있는지를 모르면서 행동하는 사람이다.

악을 선으로 생각하는 누를 범하는 이해 수준이 낮은 통치자만이 신하들의 조언을 무시한다. 경솔한 통치자가 성급히 감행하는 공격은 돌이킬 수 없는 어려움에 직면하게 된다.

열정적인 군주는 올바른 정책이 안내하는 바대로 나아가면서 신하들의 조언을 사려 깊게 받아들여 뱀과도 같이 교활한 적을 굴복시켜야 한다.

XII. 사절단과 밀정

　필요한 협의를 한 후에, 현명한 군주는 진격할 대상 국가의 통치자에게 사절단을 보내야 하며, 특별한 능력을 갖춘 대사의 임명은 내각에서 승인해야 한다.

　대담성, 비상한 기억력, 달변, 뛰어난 학문, 무기에 능숙, 모든 종류의 과업 수행 능력 구비 등의 자질을 갖춘 사람이 군주의 대사로 임명될 자격을 갖는다.

　대사에는 세 가지 유형이 있는바 전권을 행사하는 대사, 제한된 권한을 행사하는 대사, 그리고 단지 군주의 심부름꾼의 역할을 하는 대사가 그것이다. 물론, 먼저 기술한 순서대로 높은 계급의 인사가 지명된다.

　군주의 명령에 따라, 대사는 자신이 실행하려는 방책이 군주가 지배하는 지역과 적이 지배하는 지역에 미치는 영향을 심사숙고한 후에 이들 지역을 차례로 방문한다.

　대사는 자신이 통과하는 접경 지역은 물론 산림에 사는

부족들과도 우호적인 관계를 형성하며, 내륙의 통과 및 항해 시, 쉬운 경로를 찾아내야 하는 데 이것은 주군의 군대가 유사시보다 용이하게 진격하도록 하기 위함이다.

대사는 자신의 소재지를 알리지 않고 적의 도시나 궁정 안으로 들어가서는 안 된다(역주: 저자는 대사는 밀정이 아니기 때문에 적 지역에 잠입하지 않아야 한다고 기술하고 있다). 그는 자신의 목적을 달성하기 위해 때가 오기를 기다려야 하며, 승인이 나면 적의 영토로 들어가야 한다.

대사는 적국의 안정화 상태, 성채와 요새의 구조, 방어태세, 군사력, 동맹국 그리고 재화 등에 대한 정보를 본국에 보고해야 한다.

대사는 적으로부터 철퇴를 맞을지라도 군주의 명령을 원문 그대로 전달해야 한다. 그는 적의 신하들의 표정과 몸짓 등의 움직임을 면밀히 관찰하여 그들의 충성심 정도를 파악하여 보고해야 한다.

대사는 적의 국가 구성요소(역주: 여기서는 문맥상 '장관'을 주 대상으로 하는 것으로 보인다)가 은연중에 표출하는 자신들의 통치자에 대한 불만을 은밀하게 파악해야 한다.

대사가 적의 통치자로부터 '자신에 대해 국가 구성 요소(장관)들이 어떤 불만을 가지고 있는가?'라는 질문을 받으면, "통치자께서는 모든 것을 너무나 잘하고 계십니다."라는 듣기 좋은 답변을 해야 한다.

대사는 적의 통치자가 지닌 고귀한 혈통, 명성, 강인 그리고 존경 받는 행동과 같은 네 가지가 자신의 주군과 비교하여도 손색이 없다고 칭송을 한다.

대사는 배반적 성향이 있는 적의 국가 구성 요소(역주: 여기서 국가 구성 요소는 장관, 군 고위층 등을 의미한다)에게 네 분야의 학문과 다섯 가지의 종류의 예술을 가르치는 척하면서 그들의 도움을 받아 적의 동향과 약점을 파악한다.

대사는 수도승으로 변장하고 순례지, 아스람, 신전 등에서 수도에 정진하는 척하는 자신의 밀정들과 긴밀히 연락을 취해야 한다.

대사는 적의 국가 내부에서 쉽게 나의 편으로 끌어들일 수 있는 파당을 대상으로 군주의 호쾌함, 고귀한 혈통, 관용, 열정, 아량, 품격 등을 알린다.

대사는 모욕적인 언사를 들어도 참아야 하고, 어떤 경우이든 분노나 욕정을 자제해야 한다. 그는 다른 사람과 함께 잠을 자면 안되며(역주: 무의식중의 잠꼬대에 의한 비밀의 노출을 방지하기 위한 것이다), 자신이 의도하는 바는 철저히 감추고, 상대의 의도는 자세히 파악해야 한다.

현명한 대사는 상당히 오랜 기간 동안을 기다려야 한다고 할지라도 자신이 추구하는 프로젝트에 대해 좌절하지 말고, 희망을 가져야 한다. 그는 적의 장관과 관료들에게 다양한 미끼와 선물을 제공하여 적의 내부사정을 파악하면서 지루한 시간을 보내야 한다.

 이러한 기간 동안에 대사는 아무런 소득 없이 생명을 잃을 수도 있고, 적이 통치하는 지역에서 약점을 찾지 못할 수도 있다. 만약, 대사가 진정한 정치인이고 군주가 발전하기를 원한다면, 시간과 장소의 이점이 도래할 때까지 인내심을 갖고 기다려야 한다. 그러한 기간 동안에 적이 자신의 나태함을 반성하여 반군을 진압하거나, 불만이 가득한 신하들을 처단하거나, 요새에 식량과 수리부속품 등을 비축할 수도 있다. 적이 자신의 의사에 따라 군주를 향해 진격할 수도 있지만, 대사는 그렇게 진격을 하더라도 자신이 지금까지 제공한 첩보와 정보가 군주에게 많은 도움이 될 것으로 생각함으로써 위안을 삼아야 한다.

 적의 행동이 지연될 때, 현명한 대사는 적의 멈칫거림과는 상관없이 자신의 주군인 군주가 적을 공격할 기회를 혹시라도 놓칠 수 있다는 것을 고려해야 한다.

 행동을 해야 할 명백한 때가 도래했다고 판단하면, 대사는 주군이 계시는 곳으로 바로 돌아가거나 적지에 머무르면서 자신이 제공했던 중요한 정보의 내용에 대해 군주와 의사소통을 해야 한다.

 적의 적이 누구인지 확인, 적으로부터 친척과 동맹국의 분리, 적의 성채와 재정 그리고 군사의 상태, 적이 채택 가능한 방책, 적의 영토 내에 있는 주지사를 내 편으로 만드는 것, 적진으로 이르는 특별한 기동로 확인 등이 대사의 책무이다.

세상을 통치하는 군주는 대사를 수단으로 하여 적을 교란시켜야 하며, 내 영토 내에서는 적국 대사의 일거수일투족을 완벽하게 파악하고 있어야 한다.

추측과 몸짓만으로 상대방의 심리상태 파악, 탁월한 기억력, 공손하고 부드러운 말씨, 어떠한 어려움도 극복할 수 있는 인내심, 뛰어난 기지를 보유하고 다재다능한 사람은 밀정에 적합하다.

수도승, 상인 또는 장인으로 변장한 교활한 밀정들은 곳곳을 다니면서 장관 또는 백성들의 여론을 수집하여 보고해야 한다.

밀정은 군주가 세상을 보는 눈이며, 군주가 먼 거리에서도 현상을 정확히 볼 수 있도록 시의적절한 첩보와 중요한 현안에 대한 첩보 등을 수집하여 매일 군주와 의사소통을 해야 한다.

적의 보호막을 뚫고 비밀을 획득하기 위해서 밀정은 조심스럽고 비밀리에 적의 행동을 관찰해야 한다. 세상을 통치하는 군주는 본인이 잠든 시간에도 자신의 눈인 밀정은 깨어 있도록 해야 한다.

군주는 자신의 영역은 물론이고 적의 영토 내에서도 태양과 같은 정열과 바람처럼 소리 없이 움직이는 밀정들을 통해 세상을 지배해야 한다.

밀정은 세상을 통치하는 군주의 눈이다. 군주는 밀정이라는 수단을 통해 세상을 봐야 한다. 그 수단을 통해 보지 않거나, 세상에 대해 무지하다면, 평지에서조차도 비틀거리게 되는 눈먼 군주가 될 것이다.

밀정이라는 수단을 통해 군주는 경쟁자의 번영과 진보, 모든 상황에서 그들의 동향, 그리고 적의 장관들의 상태와 적의 백성이 원하는 바를 파악해야 한다.

특사에는 두 가지 유형이 있는바, 이는 비밀 특사와 공개 특사이다. 비밀 특사는 위에서 특징적인 사항을 설명하였고, 공개 특사는 대사라고 불린다.

군주는 어떤 사업에 착수할 때 밀정의 보고를 받아야 한다. 대사가 밀정으로부터 첩보를 적시에 접수할 때, 밀정의 활동이 조직적으로 잘 진행된다고 평가한다.

밀정들은 수도승, 탁발승 등으로 위장하고 세력 궤도 내 이곳저곳을 배회한다. 이들이 위장을 잘 하면, 평소에 아는 사이라고 해도 서로가 서로를 알아보지 못한다.

성공적인 임무 완수를 위해, 밀정들은 사람들이 많이 모이는 곳이나 끊임없이 왕래하는 곳에 거처를 정해야 한다. 군주는 밀정들이 그러한 기지에 머무르면서 임무 수행을 잘 할 수 있도록 적절한 여건을 조성해 주어야 한다.

밀정의 거처에는 상인, 무역상, 수녀, 수도승, 종교 수

사, 수도승 등으로 변장한 사람들도 함께 머물도록 한다.

밀정들은 독심술 능력을 갖추어야 하며, 군주 또는 군주의 적의 세력 궤도에 있는 통치자들의 영토에 배치되어 활동한다.

자신의 또는 적의 세력 궤도 내에서 통치자들의 움직임을 알지 못하는 군주는 깨어 있을지라도 잠자는 것과 마찬가지이며, 깊은 꿈속에서 헤매는 것과도 같다.

밀정들을 통해 군주는 자신에 대해 분노하는 분명한 이유가 있는 내부의 적, 또한 아무런 이유 없이 분노하는 내부의 적이 누구인지를 알아내야 한다. 군주는 자신에 대해 아무런 이유 없이 분노하고 복종하지 않는 자들을 비밀 수단(암살 등)으로 제거한다.

자신에 대해 분노하는 이유가 있는 자들에 대해 군주는 선물이나 명예 수여 등으로 회유하며, 군주는 그들과 함께 생활을 하고, 자신의 편이 되도록 설득하여 복종을 시키면서 자신의 잘못(적이 마음속에 응어리로 간직하고 있었을 그 무엇)을 바로 잡는다. 군주는 사악한 자와 선동하는 자들에게 그들이 당연히 받았어야 했으나 받지 못했던 것을 하사함으로써 왕국의 평화를 유지한다. 군주는 모든 노력을 다하여, 회유와 선물 또는 뇌물을 통하여 자신의 약점이었던 것을 바로잡도록 해야 한다.

군주는 가장 강력한 적이라고 할지라도, 그 적이 노출

하는 미세한 잘못을 포착하여 적국 전체를 절망과 파멸이 가득한 바다에 가라앉혀야 한다. 이는 가늘디가는 빨대에서 떨어지는 마지막 한 방울의 물이 컵을 물속에 가라앉히는 것과 같은 이치이다.

바보인 척하는 사람, 귀머거리, 봉사, 벙어리, 내시, 난쟁이, 꼽추, 수도승, 유랑 극단, 여자 하인, 만담가 등으로 변장한 밀정들은 발각되지 않고 왕실 내의 첩보를 수집하도록 해야 한다.

왕의 파라솔을 드는 자, 부채를 부치는 자, 가마 꾼, 마부, 그리고 다른 하인들은 고급 관료들의 활동과 관련된 첩보를 수집한다.

요리사, 침실 담당 하인들, 와인을 따르는 하인, 음식 시중을 드는 하인, 머리를 감기는 하인, 식음료, 담배, 꽃 치장, 향수 및 장신구 등의 시중을 드는 하인들은 항상 통치자 주변에 머무르기 때문에 통치자를 독살하는데 도움이 될 수 있다.

냉철한 밀정들은 고위 관료들이 보내는 신호, 몸짓, 외양, 사용하는 화폐 그리고 편지 등을 통해 그들의 행태를 연구해야 한다.

다방면에 재능이 있고, 뛰어난 예술 감각이 있는 밀정들은 다양하게 변장을 하고, 세력 궤도 내의 모든 곳을 돌아다니면서 햇빛이 땅의 습기를 빨아들이듯이 여론을 수

집해야 한다.

  세상 물정과 세상의 이치에 정통한 현명한 군주는 자신이 밀정 등의 수단을 통해 적의 약점을 찾아내려고 하듯이 적도 제반 수단을 활용하여 군주를 면밀히 관찰하고 있다는 사실을 항상 가슴에 새겨야 한다.

XIII. 세력 궤도 구성 요소와 재난

적지에 파견된 대사가 임무 수행에 실패한 것을 밀정의 보고를 통해 알게 되면, 군주는 적에게 이상한 징후가 있음을 자신의 날카로운 지성으로 알아차리고, 진격과 관련된 지침을 검토해야 한다.

불을 일으키는 불쏘시개가 시간을 두고 바짝 말려야 잘 타는 것처럼, 침착함과 인내심을 기반으로 세밀하고 확실하게 상황 파악을 하는 것이 만족할 만한 많은 결과를 창출할 수 있다.

금속 광물은 오랫동안 제련해야 값비싼 금이 생산되고, 우유가 굳어야 버터가 나오듯이, 지혜와 끈기가 뒷받침되는 진정한 노력은 성공을 가져온다.

제왕의 역량을 갖추고 현명하고 열정적인 군주는 자신이 이루는 번영이 큰 바다의 물과 같다고 할지라도 모두 수용할 수 있는 그릇이 된다.

물의 영양분이 연꽃을 피우고 소담스러움을 유지해 주는 것처럼, 정보만이 왕실의 번영을 지속시켜 주며, 그러한 번영은 열정과 끈기에 의해 장엄함이 이어진다.

그림자가 결코 몸에서 떨어질 수 없듯이, 번영은 자신의 지혜를 따르는 열정적인 군주에게서 멀어질 수 없으며, 오히려 그 나날이 증가한다.

불운이 따르는 어리석은 통치자는 자신이 훌륭한 자질과 지혜를 갖추고 있을지라도, 내시가 여자로부터 버림받듯이 번영의 여신으로부터 버림을 받는다.

군주는 불에 땔감을 넣으면 더 잘 타오르는 것처럼, 끊임없이 활동을 하여 제국의 번영과 행복을 더욱 증진시켜야 한다. 약한 군주라고 할지라도, 열정적이면 번영을 이룰 수 있다.

번영을 구가하기 위해서 군주는 신뢰할 수 없는 여자처럼 무기력하게 행동해서는 안 되며, 항상 남자답고 활기차게 행동해야 한다.

언제나 열정적인 군주는 사악한 여인네의 머리채를 움켜쥐고 끌고 가는 것처럼, 사자와 같은 힘으로 번영을 자신의 통제하에 있도록 한다.

온갖 금, 은, 보석으로 장식된 왕관을 쓴 적의 머리를 짓밟지 않으면, 군주는 번영을 이룰 수 없다.

만약, 군주 자신의 지혜와 지침에 따르는 힘센 코끼리

처럼 온갖 노력을 다해 뿌리가 깊은 적을 근절하지 않는다면 어떻게 행복이 있을 수 있겠는가?

번영은 코끼리의 우아한 코를 닮은 강한 팔뚝과 찬란하게 광채를 뿜어내며 쉽게 꺼내어 휘두를 수 있는 검에 의해서만 이룩할 수 있다.

번영의 정점을 지향하는 큰 뜻을 품은 사람의 발걸음은 보다 높은 곳으로 옮긴다. 반면에, 파멸과 나락으로 떨어지는 비열한 사람의 발걸음은 낮은 곳을 지향한다.

사자가 코끼리의 머리를 앞발로 타격하는 것처럼, 대단한 열정을 지닌 군주는 자신보다 훨씬 넓은 영토를 보유한 적의 머리를 발로 강하게 후려쳐서 굴복시켜야 한다. 두려움을 모르는 독사처럼, 군주는 적의 가슴에 공포를 심어 주는 거대한 힘을 과시해야 한다. 군주는 적을 공격하기 전에 자신의 능력을 확인하고, 능력에 맞추어 적을 공격해야 한다.

군주는 먼저 자국 내 민심 이반을 불러올 수 있는 요인을 제거한 후에 적을 공격해야 한다. 민심 이반은 선의 부재, 공격적인 행정정책은 물론 불운에서도 기인한다.

불운은 왕국의 물질적 안정을 저해한다. 불운이 지속되는 통치자는 깊은 수렁에 빠져들게 된다. 따라서 최대한 빠른 시간 내에 불운에서 벗어나기 위해 노력해야 한다.

화재, 홍수, 기근, 전염병, 흑사병, 페스트는 5대 재난이며, 이것들은 대부분 운명적인 것이다. 그러나, 다른 재난들은 인재의 성격이 강하다.

운명적인 재난은 예지력과 제반 노력을 통해 피해야 한다. 인간이 유발하는 재난, 즉 인재는 군주가 현명한 정책적 수단을 채택하거나 끊임없는 열정으로 제거해야 한다.

장관으로부터 군주에 이르기까지 세력 궤도를 구성하는 모든 요소들에 대해 적절한 순서대로 기능과 약점을 열거하고자 한다.

〈장관〉

조언의 청취, 조언의 결과 취합, 타인에게 행동으로 이행을 지시, 미래에 발생할 사건과 행위의 긍정적 또는 부정적 효과에 대한 예단, 왕국의 수입과 지출에 대한 관장, 법의 집행, 적의 복속, 재난과 악폐의 물리침, 왕국의 방어 등은 장관이 수행하는 기능이다. 그러나, 잔악한 성향이 있는 통치자의 영향력 하에 있는 장관은 이러한 기능을 통상적으로 잘 수행하지 못한다.

적을 상대해야 하는 통치자가 불운에 시달리는 장관을 수하에 두는 것은 마치 한쪽 날개가 부러져 날 수 없는 새와도 같다.

〈왕국, 백성〉

금, 옥수수, 옷감, 운송 수단 등을 비롯한 군주의 모든 애용품은 백성이 누리는 번영으로부터 나온다.

왕국의 번영을 창출하는 무역, 상업, 농업 그리고 다른 산업의 발전은 백성에게 달려있다. 따라서 백성이 위험에 처하거나 악습으로 고통을 받게 되면 아무것도 이룰 수가 없게 된다.

〈성채〉

성채는 위험에 처한 백성의 피난처이다. 성채는 군사와 재화도 보호한다. 피난처를 제공받는 백성은 그 반대급부(물품 등)를 통치자에게 제공해야 하는 의무가 있다.

성채는 옹성전(Tushni warfare, 역주: 군주가 적에게 발견되지 않도록 성채에 자신을 숨긴 후, 기습을 통해 적을 무찌르는 전쟁의 한 유형을 말한다)을 수행하는 수단이며, 성채는 국난의 시기에 백성에게 피난처를 제공한다. 성채는 적이나 아군이 모두 비슷하게 운용하며, 인접한 산림에 거주하는 야만족의 공격 징후를 파악하는 수단이기도 하다.

왕은 일반적으로 많은 성채를 보유하며, 자신의 성채에 머물 때 안전하고 자신의 백성은 물론 적의 도당들로부터 존중을 받는다. 성채가 없다면, 왕도 백성도 존재하기 어렵다.

〈재화〉

 백성의 부양, 베풂, 장식과 치장, 말이나 코끼리와 같은 운송 수단의 구입, 왕국의 안정, 적 또는 동맹국의 내부분란 조성을 위한 시설, 성채의 보수, 교량과 통로의 건설, 무역과 상업, 우방국과 동맹국의 획득, 선정(善政), 그리고 요망하는 올바른 행동을 통한 목표의 성취와 같은 모든 것은 재화 즉 돈을 즉시 지불할 수 있는 건전한 재정 상태에 전적으로 달려 있다.

 '왕실의 근본은 재화이다.'라는 말은 모든 세계에서 통용된다. 재정적 위기에 처해서 지급능력이 없는 통치자는 위에서 언급한 행위 중 어느 것도 제대로 이행할 수 없다.

 재화가 풍부한 통치자는 전쟁으로 약해진 군사력을 증강시키고, 자연적으로 민심도 얻을 수 있다. 그러한 통치자에 대해서는 적들도 존중하고, 대접을 한다.

〈군사력〉

 우방과 적의 인구 유입, 황금의 증대(즉, 부와 왕국의 영토 확장), 무한정 연기했던 것을 민첩한 행동으로 성취, 획득 또는 보유한 자산의 보호,

 적의 군사력 파괴, 우군의 병력 구출과 같은 행위들이 군사력의 역할이다. 재난의 영향으로 군사력이 부실해지면, 위에 언급했던 행위들은 결코 이행될 수 없으며 파멸

의 길로 들어서게 된다.

막강한 군사력을 보유한 군주에게는 적도 친구로 돌아선다. 강력한 대규모의 군사력을 보유한 군주는 세상을 정복하고 지배할 수 있다.

〈동맹〉

진정한 동맹은 동맹 상대를 팽개치는 행위를 자제하며, 적을 격멸한다. 또한, 동맹 상대를 위해 자신의 영토와 군사의 손실이나 자신의 생명에 위험이 닥치는 것을 감수한다.

상호 간의 우호적 감정을 증진시키면, 군주는 많은 우방과 동맹국을 확보하는데 성공할 수 있다. 동맹국이 재난에 처하게 되면, 동맹의 기능은 더 이상 완벽하게 수행되지 않는다.

진정한 동맹은 상대가 반대급부로 무엇을 제공할 것인지를 기대하지 않고, 동맹국 통치자의 안녕을 증진시켜야 한다. 신뢰할 수 있는 동맹국들을 보유한 통치자는 아무리 어려운 과업도 동맹국의 도움을 받아 쉽게 성취할 수 있다.

〈군주〉

지식의 추구, 자신의 왕국의 백성과 기도원(Ashram)의 보호, 정당한 무기를 사용할 수 있는 능력(독살용 제외), 모든 유형의 전쟁에서 성과 달성.

대담한 성격, 탁월한 전쟁 수행전략의 수립, 적시적인 상황대처 능력, 말, 코끼리, 전차를 다루는 능력.

육박전 기술, 독심술, 정직으로 정직을 능가, 삐뚤어진 것으로 삐뚤어진 것을 능가.

특정 프로젝트에 대해 내각과 논의와 논의한 내용의 검증, 비밀유지, 정신 건강, 자신에 대한 회유와 선물 또는 뇌물과 같은 책략의 간파, 적대적 상대방에게는 그러한 책략과 내부분란 그리고 강압의 적용.

기동에 대한 지식, 아군부대 장교와 지휘관의 의도 파악, 책략가와 장관 그리고 통치자의 자문관 의도 파악, 아군의 사악한 관료의 투옥.

부임 및 이임하는 특명전권대사에 대한 관찰, 백성을 위협하는 재난의 제거, 국가 구성요소 중 분노 또는 불만족 요소 어우르기.

선지자의 가르침 수용, 명예의 수여와 명예 수여자에 대한 존중, 법의 집행, 왕국의 혼란을 초래하는 요소 제거 (도둑, 강도, 살인 등).

존재하는 것과 존재하지 않는 것에 대한 지식, 수행된 것과 남겨진 것에 대한 검사, 피부양자 중 만족하는 자와 불만이 있는 자에 대한 조사.

인접강국과 역외강국의 움직임과 특이한 동향 파악, 이러한 파악에 기초하여 자신의 지배체계를 확립하기 위한 수단의 적용, 적에 대한 징벌과 동맹국의 획득.

자신과 부인들 그리고 아들들의 보호, 친척과 친구들에 대한 우호 감정의 배양, 물질적 풍요를 가져올 수단의 확대.

악한 자에 대한 징벌, 정직한 자에 대한 배려, 생명체 존중, 원죄나 불의를 회피.

악행 금지와 선행의 장려, 사물의 제자리 찾아 주기, 분리되면 안 되는 것은 있는 그대로 보존.

처벌을 받지 않아야 할 사람에 대한 처벌의 유예, 처벌을 마땅히 받아야 할 사람은 처벌, 용납할 수 있는 것은 용납하고, 용납할 수 없는 것은 거절.

유익한 행위의 이행, 무익한 행동의 배제, 공정한 과세와 고난의 시기에 세금 감면.

고위 관료에 대한 신뢰, 해고해야 할 관료의 제거, 기근이나 전염병과 같은 재난 극복, 신하들간의 우애 증진.

모르는 것은 깨우치고 알려진 것은 확인, 선행을 베풀고 취해진 행동에 대해서는 끝까지 추적.

획득하지 못한 것의 획득과 이미 획득한 것의 발전, 잘 가꾸고 번창하게 할 수 있는 사람에게 대상물을 위탁.

잘못된 것을 억제하고 정직한 길로 나가는 것 등은 세계를 통치하는 군주가 수행해야 하는 역할이다.

올바른 정책을 이행하는 정력적인 군주는 정부와 각료들을 빛나게 하나, 잘못된 예언을 따르는 통치자는 정부와 각료들을 파멸로 이끈다.

군주가 종교의식과 부의 획득을 위해 바쁠 때 또는 정신을 차리지 못하고 있을 때는 장관들이 이러한 역할들을 수행해야 한다.

〈군주와 연관된 재앙〉

지나치게 가혹한 언사와 처벌, 재정관리 소홀, 주색과 사냥 및 도박의 탐닉 등이 군주의 재앙이다.

〈장관과 연관된 재앙〉

우유부단, 나태, 자만, 부주의, 타인의 원한 유발과 같은 것은 위에서 언급한 군주의 재앙과 함께 장관들의 재앙이다.

〈왕국, 백성, 영토와 연관된 재앙〉

홍수, 가뭄, 메뚜기, 쥐, 생쥐, 앵무새 그리고 옥수수에 해를 가하는 생물, 불공정한 과세, 백성의 재산 몰수, 외국의 침범과 약탈, 그리고 강도와 도둑, 군주가 군사 또는 추종자들로부터 버림을 받는 것, 질병의 만연에 의한 민생고, 가축의 돌림병과 떼죽음 등은 왕국의 재앙이다.

〈성채와 연관된 재앙〉

전쟁 도구의 기능 이상, 성곽이나 해자의 붕괴, 병기고에 무기 부족, 식량과 연료 부족 등은 성채의 재앙이다.

〈재화와 연관된 재앙〉

낭비, 지나친 경비, 관료나 공무원의 횡령, 축재, 절도, 원활하지 않은 현금의 흐름 등은 재화의 재앙이다.

〈군사와 연관된 재앙〉

적군의 포위, 적대 세력에 의해 사방으로 둘러싸임, 망신살, 정당한 명예의 박탈, 형편없는 보수, 병들음, 과로, 먼 곳에서 복귀, 새롭게 충원, 친한 동료의 전사, 희망과 절망이 뒤섞인 흥분, 신뢰 상실, 여자의 동반, 여러 나라에 분산 배치, 대열 속에 적의 불순분자가 존재, 분란에 의한 분열, 전투를 위한 외국으로 파병, 훈련 부족, 고위급 장교의 분노, 지휘관 간의 의견대립, 대열 속에 적의 잠입, 적과의 연합, 자신의 이익이나 동맹국의 이익에 대한 무관심, 식량의 공급과 동맹국 군의 지원 단절, 피난처(군인의 가족과 재산을 보호할 수 있는)의 부족, 주군의 동의 없이 위험한 전투 수행, 잘못된 행위에 대해 이치에 맞지 않는 변명, 적 후방에 접경한 나쁜 국가, 알지 못하는 국가로 파병 등은 군사의 재앙이다. 이러한 재앙 중 어떤 것은 치유가 가능하고 어떤 것은 불가능하다. 이에 관해 기술한다.

구출되거나 풀려나거나, 포위된 군사는 사기를 제고시키면 전투에 임할 수 있다. 사방으로 포위되어 퇴로가 차단된 군대는 목숨을 걸고 싸운다.

존중 받지 못한 군대는 완전히 존중해 주면 싸울 것이다. 그러나 분노의 불길이 타오르고 있는 불명예를 안고 있는 군대는 결코 전투에 임하지 않을 것이다.

보수를 제대로 받지 못하는 군대는 보수를 제대로 받게 되면 싸울 것이다. 그러나, 병들고 질서가 없는 군대는 싸우지 않을 것이며, 싸운다고 해도 패배할 것이다.

과로에 시달리고 지친 군대는 적절한 휴식 후에는 다시 전역으로 향할 것이다. 그러나 원거리에서 복귀하여 힘이 소진된 군대는 무기를 잡을 능력이 없다.

새롭게 충원된 군사는 기간 부대에 편성되면 싸움에 임하게 된다. 그러나 용감한 전사가 죽고 숫자가 줄어든 군사는 싸움에 임하지 않을 것이다.

패주한 군대는 용감한 영웅이 지휘하면 다시 전투에 임할 것이다. 그러나 지휘관이 살해되고, 선봉 부대가 도륙당한 군대는 전장에서 벗어나려고 할 것이다.

원하는 것을 얻고 불만족스러운 것이 제거된 군대는 전투의 위험을 감수할 이유가 없어 전투에 임하지 않을 것이다. 사방이 막힌 좁은 지역에 갇혀 있을 때, 군대는 비좁은 전장에서 싸울 수 없다.

포위되었다가 빠져나온 군대는 전투 장구(말과 운송 수단, 무기 등)를 갖추게 되면 싸울 것이며, 여자들과 함께 있는 군대는 여자들이 떠나가면 싸울 수 있을 것이다 {역주: 고대 인도군은 전쟁터에 부인(때로는 가족 전체)을 동반했고, 이들은 식사 준비 등 전투 근무지원 역할을 하였다. 가족들은 가장이 전투에 참여하는 것을 결코 반기지 않았을 것이다}.

조국을 떠나서 서로 다른 왕국에 흩어져 있는 군대는 싸우지 않으려 할 것이다. 군대 내 적이 심어 놓은 밀정과 같은 암적 요소가 존재하는 군대는 임무 수행 능력을 상실하게 된다.

내부분란에 의해 서로가 반목하는 군대는 전투 수행에 적합하지 않다. 또한 외국의 세력 궤도 상의 국가 또는 외국에 파견된 군대도 싸우려 하지 않을 것이다.

외국 땅에 파견되어 임무 수행한 경험이 없는 군대와 패주한 군대는 싸울 수 없다. 대대로 통치자를 위해 복무해 온 군대를 분노하게 하면 싸우려 하지 않으며, 이들의 분노를 풀어 주고 사기를 높여줄 때 기꺼이 싸움에 임할 것이다.

적에게 포위되어 한 곳에 몰린 군대는 싸울 수 없다. 숙영 중에 기습을 당한 군대도 싸울 능력이 없다.

적군이 대열 내에 잠입한 군대는 싸우지 않을 것이나, 그러한 적이 제거되면 싸울 수 있다. 적의 공작으로 부패했을지라도, 용감한 장수가 지휘하는 군대는 싸울 것이다.

군대는 위험에 처하게 되면 자기 자신의 이익을 소홀히 하게 되고(역주: 이익을 추구하는 것보다 생명 보전을 더 우선시한다는 것으로 이해할 수 있다), 소극적인 태도로 일관하게 된다. 때와 장소의 관점에서 현저한 이점 때문에 동맹군에 종사하는 군대를 다른 목적에 투입하는 것은 어렵다.

식량과 보급이 끊기고 동맹군의 지원마저 끊어진 군대는 싸울 수 없다.

자신들의 가족과 재산을 보호할 대피처가 없는 군대는 이러한 대피처가 마련되면 전투에 임할 것이다. 주군의 명령이 없을 경우 군대는 행동하지 않으며, 다른 부대에 배속되지도 싸우지도 않을 것이다.

어느 누구도 인정하지 않는 리더가 지휘하는 군대는 싸울 능력을 상실한 것이다. 부대 편성이 불완전하고, 후방에 못된 이웃 국가가 있는 군대는 전투에 선뜻 나서지 못한다.

정세에 무지한 군대는 눈을 감고 있는 것과 마찬가지이므로 무능한 군대이다. 지금까지 군사의 재앙을 나열하였다. 군주는 이러한 요소들을 잘 살펴서 전쟁을 수행해야 한다.

〈동맹과 연관된 재앙〉

이미 위에서 언급했지만, 동맹의 재앙은 동맹국이 불운으로 고통을 받거나, 사방의 적으로부터 공격을 받거나, 욕심이나 분노로부터 야기된 어려운 상황에 처해 있을 때이다.

군주로부터 시작하여 국가 구성 7가지 요소의 재앙에 대해 기술했다. 각 요소의 재앙이 국가에 미치는 영향은 기술한 순서대로 이다. 즉, 군주가 재앙에 처해 있는 것이 국가로서는 가장 큰 위기라고 하겠다.

군주는 이러한 국가 구성요소가 처하게 되는 재앙에 대해 명확히 인식을 하고, 실기하지 않고 자신의 모든 힘과 지혜와 노력을 동원하여 재앙을 제거하는 데 최선을 다해야 한다.

국가의 복지 증진과 번영을 추구하는 군주는 실수나 자만심 때문에 국가 구성요소를 해치는 재앙이 다가오는 것을 가볍게 여겨서는 안 된다. 국가 구성요소의 재앙을 대수롭지 않게 여기는 군주를 적은 쉽게 패망의 길로 몰아넣을 수 있다.

군주는 무엇을 할 것인지를 심각하게 고민하면서, 자신이 추진하는 과업의 목적이 무엇인지를 알고 책무를 완수해야 한다. 현명한 정책으로 국가 구성요소의 단점과 문제점을 모두 제거하는 세상의 지배자는 오랫동안 정의(Dharma), 부(Artha), 즐거움(Kama)을 누릴 수 있을 것이다.

XIV. 일곱 가지의 재난에 대하여

군주로부터 동맹에 이르는 7가지 요소를 국가 구성 요소라고 한다. 국가 구성 요소가 지니는 약점 중에서 세상의 지배자인 군주의 약점이 가장 심각하다.

약점이 없는 군주는 다른 국가 구성 요소의 약점을 보완할 수 있으나, 잘 관리되고 있다고 할지라도 다른 요소들은 군주의 약점을 보완할 수 없다.

정치적 식견에 대한 안목이 없는 통치자를 눈이 멀었다고 한다. 그렇지만, 눈먼 통치자가 자만심이나 부주의로 정도에서 벗어난 행태를 하는 통치자보다는 낫다.

그러한 눈먼 군주는 신하들이 잘 보좌하고 조언을 하면 눈을 뜰 수 있다. 그러나 군주의 정치적 식견이 자만심에 의해 가려진다면, 그는 스스로 완전한 파멸의 길로 들어서게 된다.

이러한 이유로 군주는 정치적 안목을 지녀야 하고, 총

리의 조언을 따라야 하며, 덕망과 부의 구현을 해치는 단점을 극복하기 위해 노력해야 한다.

지나치게 거친 언어, 가혹한 처벌, 재산의 부당한 압류, 마땅히 해야 할 일을 유보하는 것 등은 분노에서 비롯되는 단점이라고 전문가들은 말한다.

지나친 사냥, 노름, 여색, 약물 중독은 욕망이 빚어내는 4가지 종류의 재난이다.

거친 언어는 커다란 문제를 야기하고 많은 해로운 결과로 이어지기 때문에 피해야 한다. 반면, 군주는 감미롭고 온화한 말로 백성의 민심을 얻어야 한다.

왕이 발작적으로 분노하여 많은 말을 하는 것은 마치 불똥이 튀는 불을 쏘아대는 것과도 같아서 신하들은 좌불안석하게 된다.

날카로운 비수로 심장을 찌르고 단칼에 베이는 것과 같은 말은 유능한 사람까지도 흥분시키고, 이렇게 흥분하게 되면 적으로 돌아선다.

군주는 거친 언어로 대중을 흥분시키지 말아야 하며, 대중에게 물질적으로 베풀지 못하는 군주라 할지라도 친절하고 상냥하게 언행을 한다면 백성들로부터 신뢰를 얻고 칭송을 받을 수 있다.

굴복하지 않는 자를 굴복시키고 벌하는 것을 현자들은 처벌(Danda)라고 부른다. 처벌은 정치학의 원리에 따라야 하며, 벌 받아 마땅한 사람을 처벌하는 것은 칭찬받을 일이다.

　잔인한 군주가 가하는 처벌에 대해 백성들은 공포심을 갖게 된다. 처벌받을 것을 두려워하는 백성들은 안전을 위해 적에게 보호를 요청할 수 있다.

　이러한 요청에 따라 적이 군주의 백성들에게 도피처를 제공하게 되면, 적의 영향력이 커지게 되고, 세력이 커진 적은 왕국을 파괴하는 행위를 하게 될 것이다. 이러한 이유로 군주는 자신의 백성이나 신하들에게 공포심을 심어 주지 않아야 한다.

　세상의 통치자는 백성들에게 선정을 베풀고 제국의 번영을 이끌어야 한다. 백성들이 번영하면 군주도 번영하고, 백성들이 헐벗으면 군주도 헐벗게 된다.

　제국이 멸망에 처한 경우를 제외하고, 군주는 중대한 범죄를 저지른 사람에 대해서도 사형에 처하는 형벌만은 피해야 한다. 다만, 예외적인 사안에 대해서는 사형을 집행해야 한다.

　비난 받을 범죄자의 무죄를 입증하기 위해 소비하는 상당한 금액을 아르따두사나(Arthadusana)라고 정치의 본질을 잘 아는 전문가들은 말한다.

　운송 수단이 열악하거나 그나마 남아 있는 운송 수단의 고장, 굶주림, 갈증, 피로, 탈진, 추위, 더위와 바람, 복사

열, 사막과 거친 토양 등을 헤쳐나가야 하는 것은 군대가 처하는 재난이다.

나무와 부딪쳐서 다치거나, 가시나 식물에 긁히거나, 바위나 덩굴식물, 나뭇가지 그리고 흙더미를 뚫고 나가야 하는 어려움, 바위나 나무 뒤 또는 강바닥이나 잡목 속에 몸을 감춘 적이나 산적에게 잡히거나 목숨을 잃는 사례, 적에게 제압당한 우군에 의한 살해 위험이나 곰, 독사, 코끼리, 사자 그리고 호랑이 같은 맹수들의 멋이 감에 처할 위험, 숲 속에서 발생한 대형 산불의 연기에 의한 질식, 길을 잃거나 방향을 착각하여 끊임없이 헤매는 것 등은 군주의 므리가비사나(Mrigavysana, 사냥에 너무 탐닉하여 발생하는 폐해)이다.

인내심, 활발한 신체의 움직임, 비만과 소화불량의 치료, 움직이는 또는 고정된 목표물에 대해 활을 쏠 때 요구되는 극도의 안정감, 이러한 것들은 사냥 예찬론자들이 주장하는 사냥의 장점이다. 그러나 이러한 주장이 받아들여지는 것은 어렵다. 사냥이 가져오는 폐해는 치명적이다. 그래서 사냥에 탐닉하는 것은 커다란 재난으로 간주된다.

소화불량과 다른 신체적인 단점들은 말을 타는 건강한 운동으로 치유될 수 있고, 고정된 목표물에 대해 활을 쏠 때 요구되는 극도의 안정감 또한 다른 방법으로 증진시킬 수 있다.

군주가 사냥의 즐거움을 극도로 갈망한다면, 도시 주변에 사냥을 위한 아름다운 공원을 건설해야 한다.

사냥을 위한 공원은 사람이나 동물이 뛰어넘을 수 없도록 사방을 도랑이나 울타리로 둘러싸야 하며, 공원의 폭과 길이는 8마일 정도가 되어야 한다.

공원은 산자락이나 강변에 위치해야 하고, 물과 부드러운 잔디가 풍부해야 한다. 공원 내에는 가시나무나 잡목이 없어야 하고, 독성이 있는 나무나 식물도 없어야 한다.

공원은 꽃과 열매가 풍성한 아름답고 유명한 나무들이 제공하는 상쾌하고 선선한 그늘이 짙게 드리워지도록 해야 한다.

구덩이, 동굴, 굴곡이 심한 곳은 흙과 자갈로 빈틈이 없도록 메워야 한다. 그리고 잘린 나무의 밑동, 흙더미와 바위 등은 제거되어야 한다.

공원 내의 호수와 저수지 등은 물이 깊도록 하여 다양한 수초와 수상의 화초가 자라도록 하고, 새의 서식지가 되도록 가꾸어야 하나, 상어나 악어는 서식하지 못하도록 해야 한다.

공원 내에는 어미 코끼리와 아기 코끼리가 살도록 하고, 호랑이와 같은 맹수의 이빨과 발톱을 제거하며, 뿔 짐승들의 뿔도 제거해야 한다.

공원에는 쉽게 닿을 수 있는 곳에 아름다운 꽃과 꽃봉오리를 피우는 덩굴식물이 있고, 도랑의 양 가장자리에는 작지만 멋진 식물이 자라고 있어야 한다.

공원 바깥쪽의 들판은 먼 곳까지 나무를 제거하고 평탄하도록 해야 한다. 공원 자체에는 적군의 접근이 불가능하여, 심적으로 편안함과 안정감이 느껴지도록 해야 한다.

그러한 공원을 강건하고 충성심이 강하며, 적의 마음을 읽을 수 있는 용사가 경호 임무를 수행할 때 군주는 이곳에서 활동하면서 커다란 즐거움을 누릴 수 있을 것이다.

사냥과 호신술에 능통한 사람이 군주에게 공원에서 즐길 수 있는 다양한 종류의 경기에 대해 소개해야 한다.

아침에 산책할 때 아무런 피로를 느끼지 않고, 업무에 영향이 없을 때 군주는 믿음직스럽고 총애하는 수행원과 함께 운동을 하기 위해 공원에 가야 한다.

군주가 공원에서 운동을 할 때, 경호원들은 정 위치에서 근거리와 원거리를 감시하면서 필요하면 언제든지 행동할 수 있는 태세를 갖추어야 한다.

운동을 통해 군주가 기쁨을 느끼면, 그러한 기쁨은 성현들이 말씀해 온 바와 같이 훌륭한 통치라는 결과로 이어진다.

지금까지 기술한 것이 군주가 사냥에 나설 때 지켜야 할 수칙이다. 군주는 이러한 수칙을 지키지 않고, 일반적인 전문 사냥꾼처럼 행동을 해서는 안 된다.

지키려는 모든 노력에도 불구하고 잃거나 빠져나가는 돈, 부정직, 무감각, 잔인, 분노, 격한 말투, 교만, 소홀한 의식행사, 공무수행 중단, 선한 자와 결별 및 악한 자와 만남, 재정의 고갈, 승리자에 대한 끝없는 적대감, 충분한 자금이 있음에도 도박하기에는 적다고 느끼는 궁핍감, 자금이 실제로는 없어도 풍부하다고 느끼는 감정, 주사위를 던지는 매 순간의 분노와 기쁨, 각 단계에서의 회한, 순간적인 좌절, 그리고 행위의 진정성에 대한 의구심, 목욕, 신체의 청결, 성적 즐거움, 체력단련 등한시에 따른 신체와 다리의 쇠약, 경전의 가르침에 대한 외면, 소변 참기, 갈증과 배고픔의 고통과 같은 것들은 도박이 주는 폐해들이다.

록카팔라(Lokapala, 역주: 힌두교와 불교에서 말하는 사천왕) 중 두 번째 사천왕을 닮아 덕망과 학식이 풍부한 군주였던 판두(Pandu, 역주: 인도 신화에 나오는 Hastinapur 왕국의 왕)의 유디스티라(Yudhisthira, 역주: 인도의 신화에 나오는 판두 왕의 큰아들)는 사악한 도박 때문에 정숙한 아내를 잃었다.

강력한 군주였던 날라(Nala, 역주: 인도 신화에 나오는 Nishadha 왕국의 왕)는 노름 때문에 정숙한 부인을 잃었고, 자신은 허드렛일을 하는 일꾼으로 전락하였다.

인드라신과 거의 대등한 존재로 지상에서는 활에 대해

적수가 없었던 황금빛 얼굴의 루크민 왕(Rukmin, 역주: 인도 신화에 나오는 Vidarbha 왕국의 왕) 조차도 도박의 폐해로 인해 파멸의 길로 들어섰다.

바보 같은 단타바크라(Dantabakra, 역주: 인도 신화에 나오는 Kousikarupa의 통치자)는 주사위 노름을 과도하게 탐닉하다 주사위에 맞아서 이가 부러졌다.

도박은 이유 없이 적대감이 생기게 만들고, 애정과 자애를 시들게 하고, 결속력이 강한 집단 내부에 분란을 야기하기도 한다.

이러한 여러 가지 이유로 현명한 군주는 병폐만을 양산하는 도박을 피해야 한다. 또한, 다른 교만한 통치자들이 자신에 대해 도박을 걸어오는 것도 금지해야 한다.

직무유기, 금전 손실, 덕행의 포기, 국가 구성요소의 반란 등은 군주가 궁전을 비울 때 발생하는 현상이다.

비밀의 누설(사랑하는 여인에 의한), 비난 받을 행동의 자행, 시기, 편협, 분노, 적개심, 경솔함 등은 여자를 지나치게 가까이하여 생겨나는 폐해이다. 이를 살펴볼 때, 왕국의 안위와 복지를 책임져야 하는 군주는 여자와 다소 거리를 두어야 한다.

얼굴만 한번 본 아리따운 여인네를 계속 만나기를 갈망하는 저급한 사람의 에너지는 젊음과 함께 사라져 간다.

목적 없는 방황, 자제력 상실, 감각 상실, 정신 이상, 어눌한 표현, 갑작스러운 질병, 에너지 상실, 친구 상실, 이해력과 지성 그리고 지력의 도착증, 선을 멀리하고 악을 가까이하는 행태, 불행의 접근, 비틀거림, 몸이 떨리는 증상, 현기증, 무기력증, 과도한 색탐 등과 같은 것은 술을 지나치게 가까이할 때 나타나는 폐해로 현자들은 이를 극도로 경계한다.

특출한 능력을 타고났으며 학문이 높고 행실 바르게 처신하여 명예가 드높았던 브리쉬니스(Vrishnis)와 안다카스(Andhakas, 역주: 고대 인도 신화의 Yadu 왕조 시대의 인물로 이들은 술에 너무 취해 서로가 상대를 살해하였다고 전해진다)는 술의 폐해에 따른 결과로 자신들을 파멸의 구렁텅이에 빠뜨렸다.

브리구(Bhrigu, 역주: 고대 인도 신화에 등장하는 가장 훌륭한 7명의 현인 중 한 명)의 아들로 아버지와 대등한 수준의 지성을 갖춘 걸출한 수카(Suka)도 과도한 음주로 인해 자신의 애제자인 카차(Kacha)를 먹어 버렸다(역주: 카차는 죽은 사람을 부활시키는 비법을 전수받기 위해 수카의 문하생으로 입문하였다. 이를 질투한 아수라(Asura)가 그를 살해한 후 요리하여 수카에게 제공하였다).

술에 취해 인사불성인 사람은 사물에 대한 분별력이 없어지게 되어 무분별한 행동을 자행하며, 그 결과로 공공사회로부터 종종 추방된다.

아름다운 여인과 술은 절제된 범위 내에서 즐길 수 있

다. 그러나 현명한 군주는 훨씬 더 큰 위험을 불러오는 사냥과 도박에 결코 중독되어서는 안 된다.

미래에 대한 예언과 예측에 밝은 선지자들은 이러한 7가지 유형을 왕국의 물질적 번영을 가로막는 악폐로 열거하고 있다. 이러한 7가지가 동시에 나타날 때는 말할 것도 없고 단 한 가지가 만연하는 것으로도 왕국은 충분히 황폐화가 된다.

이러한 7가지 유형이 초래하는 재난의 종말은 악으로 귀결되며, 쾌락을 갈망하는 오감의 자극을 증가시키며, 신과 대등할 정도로 타고난 지혜와 우월성으로 번영을 추구하는 군주의 능력을 철저히 파괴시킨다.

재난의 영향력에 놓여 있는 군주의 적들은 재난을 물리치고 스스로 무적이 되려고 한다. 그러나, 재난으로부터 자유로운 현명한 군주는 적을 물리치고 자신을 천하무적의 반석에 올려놓는다.

XV. 군사 원정에 대하여

━

　재난의 영향에서 자유롭게 되고, 누구도 대적할 수 없는 제왕적 힘을 보유하게 되면, 승리를 갈망하는 군주는 재난의 영향으로 고통받는 사악한 적을 향해 진격해야 한다.

　적들이 재난에 허덕일 때, 대부분의 현자들은 군주에게 군사적 원정을 건의한다. 그러나 군주는 적이 재난에 처해 있지 않더라도 자신이 승리할 수 있는 힘을 보유했다는 확신이 있고 국력이 굳건하다고 판단하면 적을 공격해야 한다.

　군주는 힘이 한껏 부풀어 오른 적까지도 강압적으로 도륙할 능력이 있다고 확신할 때, 그때에만 군사적 원정을 개시해야 하며, 원정을 시작하면 적에게 고통과 좌절과 피해를 반드시 입혀야 한다.

　군주는 우선적으로 적의 곡창지대를 정복하기 위해 군

을 진격시켜야 한다. 적의 곡창지대를 점령 및 파괴하여 적에게는 식량 공급이 안 되도록 하고, 군주 자신의 군대를 위해 충분한 식량을 확보하는 것은 훌륭한 정책으로 평가된다.

냉철한 군주는 후방에 대한 안전의 확보와 병행하여 전방의 강력한 적들은 피하고, 나머지 적들의 움직임을 파악한 상태에서 군수보급이 원활하고 동맹국의 지원 확보에 어려움이 없는 약한 적의 영토로 진격해야 한다.

포기할 줄 모르고 두려운 것이 없으며 식량과 식수가 충분하고 예속된 군사력이 행동할 태세가 되어 있는 군사를 갖춘 현명한 군주는 믿을 수 있는 선봉 부대가 안내하는 어떠한 지형(평지, 저지, 굴곡진 지역 등)이든 진격해 나가야 한다.

하계에, 군주는 군사용 코끼리가 자신의 몸을 씻을 수 있는 물이 충분한 산림을 통과해 진격을 해야 한다. 만약, 코끼리가 거대한 자신의 몸을 씻을 물이 충분하지 않다면, 여름의 뜨거운 열기로 인해 나병에 걸릴 수 있다.

가벼운 작업을 해도 코끼리 신체의 내부에서는 뜨거운 열이 발생하며, 격한 작업을 하게 되면 열로 인해서 코끼리가 죽음에 이른다.

여름에 물이 충분하지 않을 때, 모든 생명체는 커다란 고통을 받게 된다. 특히, 코끼리는 마실 물이 없게 되면,

눈이 멀고 얼마 지나지 않아 열이 몸을 태우게 된다.

지상의 지배자인 군주가 다스리는 왕국의 운명은 광채를 발하는 푸른색 구름과도 닮은 모습을 하고 있고, 관자놀이에 향기로운 영액이 흐르며 어금니로는 바위를 산산조각낼 수 있는 코끼리에 달려 있다고 해도 과언이 아니다.

전쟁을 수행토록 훈련이 되고 용감한 병사들을 태우고 적절한 장비를 갖춘 한 마리의 코끼리는 잘 기른 6천 마리의 말을 도륙할 수 있다.

코끼리를 보유한 군대는 습지, 마른 땅, 나무가 우거진 비탈, 평평하거나 울퉁불퉁한 땅과 같은 지형은 물론이고 성벽이나 망루의 돌파 등도 별 어려움 없이 해낼 수 있다.

군주는 식량과 식수가 풍부하고 위험이나 어려움이 없는 길이 발달된 지역으로 천천히 진군하여 자신의 군사들에게 피로감을 야기하지 않음으로써 효율성을 제고시켜야 한다.

아무리 작고 번영이 덜 된 적이라고 할지라도 나의 배후를 공격한다면, 큰 곤경에 처할 수 있다. 따라서 군주는 적의 현재 상태를 냉철하게 파악한 후에 원정을 감행해야 한다. 군주는 자신이 소유하고 있는 것이 파멸될 수 있는 불확실성을 방치해서는 안 된다.

후방에서의 어려움과 전방에서의 성공 중 더 큰 관심을 가져야 할 것은 전자이다. 이러한 원칙을 무시하는 군주는 허점이 확대되는 상황에 직면하게 될 것이다. 이러한 사유로, 두 가지 중에서 어느 것이 더 중요한지를 잘 검토한 후에 원정 여부를 결정해야 한다.

군주가 전방과 후방의 적 모두를 제압할 능력이 있을 때 원정을 감행해야 커다란 성과를 거둘 수 있다. 그렇지 않으면, 전방의 적을 향해 진격할 때 후방의 적으로부터 커다란 손실을 당할 수 있다.

원정의 장도에 오를 때, 군주는 용감한 영웅들이 지휘하는 병종이 혼성으로 편성된 부대에 위치하여 전차를 타고 이동해야 한다. 위대한 영웅의 군대는 단결되어 있으며, 단결되어 있는 군대는 적에 의해 결코 정복되지 않는다.

적진으로 진군할 때, 군주는 후방에서 적을 관찰할 수 있도록 하고 전방에는 총사령관이나 황태자에게 전권을 부여한다. 정력적인 군주는 후방에 위치하는 것에 따르는 어려움에 대해 두려움을 느껴서는 안 된다.

내부 문제와 외부 문제 중에서 내부 문제를 더 무겁게 다루어야 한다. 군주는 내부 문제를 먼저 해결하고, 외부 문제는 해결할 수 있는 방도를 마련한 후에 원정을 떠나야 한다.

제사장, 장관, 왕자 그리고 귀족들은 핵심적인 군사 지도자들이다. 이들이 가진 불만이 표출되지는 않았지만,

정책의 변화를 초래하는 원인으로 작용할 때 이를 내부 문제라고 한다.

외부문제는 국경 경비대, 국경 지역 소수민 등과 같이 외부에서 표출되는 불만이다. 이러한 유형의 불만이 팽배해지기 전에 군주는 장관과 책략가들의 도움을 받아 기술적으로 해결해야 한다.

내부 문제는 회유, 선물과 같은 정책적 수단으로 해결하고, 외부문제는 불평하는 도당을 간에 내부분란이나 분열 조장 등의 조치로 해결한다. 현명한 군주는 이러한 문제를 해결함에 있어 불평을 지닌 개인이나 도당이 적의 편이 되지 않도록 해야 한다.

병력과 군수품의 손실은 파괴라고 하고, 자본과 식량의 손실은 유출이라고 한다. 현명하고 냉철한 군주는 그러한 많은 파괴와 유출을 초래하는 문제가 있는 정책을 결코 채택하지 않아야 한다.

군주는 반드시 성공하고 많은 이익을 가져오는 정책을 따라야 하며, 그렇게 할 때 미래에 많은 먹거리를 창출할 수 있다. 파괴와 유출이라는 악을 내포하고 있는 문제가 많은 정책은 결코 채택하지 않아야 한다.

불가능한 것을 성취하려는 시도, 준비하지 않고 성취하려는 시도, 때가 아닌데 성취하려는 시도, 이러한 것들은 행동 수행의 세 가지 악덕이라고 한다.

욕망, 용서와 관용의 결핍, 지나치게 부드러운 감정, 수줍음, 비뚤어진 성격, 직설적 표현, 오만, 자만, 지나친 경건함, 허약하고 불명예스러운 군대, 악의, 공포, 무시, 부주의, 더위나 추위 그리고 강우 등과 같은 악천후를 극복하는 능력 부족 등은 성공적인 성취를 방해하는 것들이다.

현자가 말하기를 7가지 유형의 파당이 있다고 했는바, 그것은 군주 자신이 이끄는 왕당파, 동맹파, 왕권 수호파, 어떤 행동에 의해 생기는 파당, 어떤 관계로부터 생겨나는 파당, 이전부터 존재하는 파당, 다양한 서비스와 공손함과 예의를 존중하는 파당이 그것이다.

충성스러운 파당이란 어떤 경우이든 군주에게 복종, 군주의 장점만을 칭송, 군주에 대한 불평이나 모욕에 대응, 군주의 약점 보완, 군주의 용기와 정력 그리고 풍부한 식견을 홍보하는 파당이다.

신뢰할 수 있고 올바르게 행동하는 파당은 고귀한 가문 출신, 정직한 성격, 샤스트라(Shastra)에 정통, 높은 직책과 직위, 굳건한 충성심, 감사하는 마음, 타고난 체력, 지혜와 지식을 갖춘 사람들로 구성된다.

정열, 정확한 기억력, 만족감, 용기, 진실성, 자유의사의 존중, 친절, 결단, 분권, 자기 통제력, 인내력, 겸손, 웅변력 등이 군주가 갖추어야 할 자질이다.

훌륭한 샤스트라(Shastra)의 지침에 따라 국가와 국가

간의 관계를 관리하는 것은 '지략(외교력)', 충분하고 효율적으로 사용할 수 있는 재정과 군사를 '물리력(재력과 군사력)', 계획을 강력하고 힘차게 실행하는 것을 '리더십(추진력)'이라고 하며, 이 세 가지 유형의 힘을 보유한 자는 승자가 된다.

민첩성, 전문성, 계절을 역행할 수 있는 용기와 번영의 이면을 보는 냉철함, 불굴의 정신력, 샤스트라에 정통함으로써 갖춰지는 사회적 지혜와 성숙함, 정열, 대담성, 인내심, 노력, 결단력, 과감함, 강건한 신체, 목표한 바를 성취하는 추진력, 행운과 소탈한 성격 등은 군주가 갖추어야 할 자질이다.

군주는 적 내부의 당파 간에 불화를 조성하여 적의 국고를 장악하고, 적의 통치자는 지지자들로부터 분리되도록 하여 적을 굴복시켜야 한다. 군주는 이러한 조치를 하면서 원정을 하여, 바다가 감싸고 있는 모든 영역을 획득하고 통치해야 한다.

코끼리 부대를 동원하여 진격하기에 적절한 계절은 하늘이 비구름으로 가득 차 있을 때이며, 이외의 계절은 기병 부대를 동원하여 진격하기에 적절하다. 군사 원정은 너무 춥거나 덥거나 비가 많이 오거나 가물지 않고 들판을 옥수수가 뒤덮은 계절이 적절하다.

밤에는 올빼미가 까마귀를 죽이고, 밤이 지나면 까마귀

가 올빼미를 죽인다. 그러므로 군주는 계절을 잘 살펴서 원정을 감행해야 한다. 계획이 성공으로 이어질 수 있는 때가 적절한 계절이다.

뭍에서는 개가 악어를 제압할 수 있고, 물에서는 악어가 개를 제압할 수 있다. 그러므로 군주는 유리한 지형의 이점을 잘 살려서 군사행동이 반드시 결실을 거두도록 해야 한다.

평탄한 지역에는 기병, 습지와 나무가 많은 지역과 암석이 뒤덮은 지역은 코끼리를 운용하도록 준비하고, 여러 파벌들의 군사와 연합하고, 자신이 지닌 힘이 얼마나 되는지를 평가한 다음에 군주는 세상을 정복하기 위해 진군한다.

사막은 비가 내릴 때 통과하고, 물로 둘러싸인 국가는 여름에 통과하며(역주: 인도의 여름은 비가 오지 않는 건기이다), 모든 연합군이 하나가 되어 여러 국가를 정복하기 위해 군주는 기쁜 마음으로 진격을 해야 한다.

물이 너무 많거나 완전히 마르지 않고, 옥수수와 땔감이 충분하고, 많은 목수들을 발견할 수 있는 경로가 적에게 이르는 이상적인 행군로라는 것을 군주는 알고 있어야 한다.

적의 영토로의 진입은 식량 공급과 동맹군 지원에 어려움이 없는 곳이어야 하며, 물이 풍부하고 물속에는 상어나 악어 등이 없어야 하고, 충성스러운 군사들이 이미 통과한 곳으로 병들거나 시든 나무가 축 늘어진 곳이 아니어야 한다.

심사숙고하지 않는 경솔한 자들만이 멀리 떨어진 적의 영토로 섣불리 뛰어들며, 이렇게 뛰어들어간 자들은 얼마 지나지 않아 적의 칼날에 베이게 된다.

군주의 이동 경로와 군영 내에는 경호원을 배치하여 철저한 안전을 도모하며, 군주가 취침할 때는 우발상황에 만반으로 대처할 수 있는 용감한 전사가 교대로 경호토록 하여 군주가 충분한 숙면을 취할 수 있도록 한다.

적진에서 말이 움직이는 소리와 코끼리가 으르렁거리는 소리 및 종소리 등이 들리면 군주는 수면 중이라고 할지라도 '용감한 영웅이 적진을 관찰하고 있는가?'라고 외쳐야 한다.

잠에서 깬 후, 군주는 몸을 정결히 하고 신에게 경배를 올린 다음에 깨끗한 옷을 차려입고, 총리와 제사장, 동맹국 대표자 등에게 적절한 인사를 건넨다.

그런 다음, 그들의 조언에 따라 무엇을 해야 할지를 결정하고, 최고 좋은 수레를 타고 자신의 권위와도 다름없는 귀족 출신의 보병 전사의 호위를 받으며 진군한다.

군주는 직접 말과 코끼리를 돌보고 전차를 수리하고, 애마와 대장 코끼리에게 비드나(Bidhna, 역주: 전장에서 말이나 코끼리 등이 두려움을 느끼지 않도록 하는 흥분제의 일종)를 먹이는 것을 몸소 주관한다.

군주에게는 모든 사람이 다가갈 수 있어야 하고, 군주는 그들에게 인자한 말을 건네야 한다. 군주는 점잖고 부드럽게 대화를 하며, 전사들에게 봉급보다 많은 봉록을 하사한다. 군주가 건네는 따뜻한 말과 많은 봉록에 마음을 빼앗긴 전사들은 자신들의 주군을 위해 기꺼이 목숨을 바쳐서 충성을 다하게 된다.

끊임없는 연습으로 전사는 전차, 말, 코끼리, 그리고 함정을 능수능란하게 다룰 수 있게 되며, 궁수는 명궁수의 경지에 도달하게 된다. 끊임없는 연습은 미처 표출되지 않은 잠재능력을 일깨워 가장 어려운 일도 거침없이 수행할 수 있는 능력을 갖추도록 해준다.

군주는 제후국의 대사들과 작전 수행을 협의한 후에, 완전 무장한 거대한 코끼리를 타고 갑옷으로 무장한 전사와 추종자의 호위를 받으며, 용감한 영웅들과 함께 군기를 날리며 진격한다.

매우 총명하고, 사고의 폭이 넓은 밀정을 통해 군주는 굳게 닫힌 적진을 살펴보아야 한다. 밀정에 의해 버림받은 군주는 시력을 잃어 앞을 못 보는 것과도 같다.

적의 우방국은 유혹할 수 있는 제안 또는 사소한 것을 제공하여 나의 편이 되도록 하고, 적의 일당에게는 합당한 가치를 제공하여 매수해야 한다.

적이 조약체결을 하지 않으려 하면, 군주는 가능한 한 신속히 자신이 확보한 것을 유지하는 선에서 적의 특명전권대사와 평화를 모색한다. 조약체결을 원하지 않는 적에 대해서는 적의 내부에 분란을 일으켜 적 파당의 일부가 군주를 지지하도록 하는 것도 하나의 방편이 될 것이다.

군주는 진격해 가는 경로상에서 마주치게 될 야만족, 국경의 부족 그리고 성주 등에게 선물을 제공하고 회유를 하여 자신의 편으로 만들어야 한다. 험하고 복잡한 지형에 봉착했을 때, 이들은 안내자가 되어 빠져나가는 길을 안내할 것이다.

특정한 사유가 있어서 또는 아무런 이유도 없이 충성을 다하지 않고 적의 편이 되어 행동했던 사람이 무기를 휴대하고 가까이 접근할 때는 반드시 그를 면밀히 관찰해야 한다.

탁월한 정략으로 국가의 발전을 도모하는 군주는 군사행동 이전에 구체적인 정략을 수립해야 한다. 훌륭한 정략은 군사력보다 중요하다. 인드라(Indra, 역주: 힌두교의 신)는 보다 나은 정략으로 아수라(Asura, 역주: 힌두교에서 나오는 악마)를 정복하였다.

정치원리에 정통한 현명한 군주는 상세하고 정확한 정

보에 기초하여 때가 되었을 때 군사행동을 개시하고, 시작한 군사행동은 성공적으로 종료되도록 모든 노력을 다 쏟아부어야 한다.

탁월한 지식과 용맹한 정신을 보유하고 불이 밝혀진 길을 걷는 군주의 신성한 위엄과 고귀한 정신은 뱀의 몸길이 정도에 지나지 않는 자신의 양팔에 의해 구현된다.

온 세상에 옥수수가 들어차고 번영을 누리며 강건한 사람이 넘쳐날 때, 비가 오지 않아 질척거리는 흙이 바닥에 없을 때, 망고나무꽃으로 숲이 활활 타오르는 것으로 보일 때, 이러한 때가 모든 노력을 다하여 적의 영토를 정복하기 위해 진격해야 할 시기이다.

이처럼 모든 물질적 노력과 정신력을 공격에 다 쏟아붓는 노력으로 군주는 적을 정복해야 한다. 모든 것을 압수했다고 할지라도, 적이 승리자인 군주를 충실히 섬기면 그가 소유했던 영토의 일부는 돌려주어야 한다.

XVI. 군영에 대하여

　적의 마을 근처로 진격할 즈음에는 군영의 설치에 대해 검토를 해야 하며, 군영에 대해 조예가 깊은 군주라고 해도 설치 장소는 전문가의 건의에 따라야 한다.

　군영이 설치되는 장소는 동서남북에 출입구가 있는 사각형이어야 하며, 너무 넓거나 협소하지 않고, 사방으로 길이 나 있어야 하며, 보루와 해자도 설치할 공간이 있어야 한다.

　군영 내 파빌리온(pavilion)이 설치되는 지역에 대한 평가와 지형이 주는 이점을 고려하여 마름모꼴이나 원형 또는 길게 설치한다.

　파빌리온은 넓고 헐렁한 여러 개의 상단으로 장식하고, 감추어진 방이 있고 모든 방향으로 쉽게 출입할 수 있는 출입구가 있어야 한다.

　군주의 파빌리온은 내부에 재화를 보관할 공간과 쾌적

하고 편안한 휴식 공간이 있고, 정예 부대가 경호하기에 용이한 곳에 설치해야 한다.

군주는 군영에 속속 도착하는 군사들을 반갑게 맞이하고, 자신의 파빌리온에서 가까운 순서대로 대대로 왕실에 충성을 다해온 근위병, 우방국 군, 항복한 적군, 야만족 군을 배치한다.

군영 외곽은 충분한 보수를 받는 용감무쌍한 사냥꾼들이 둘러싸도록 원형 대형으로 배치한다.

파빌리온 근처에는 군주의 신뢰를 받는 신하가 지휘하는 전공이 높은 코끼리 부대와 기병 부대가 대비태세를 유지한 상태에서 주둔하도록 한다.

군주의 신변 경호는 완전 무장한 병사들이 주야간 교대로 하되, 파빌리온 내부에는 일체의 병사들이 머무르지 않도록 한다.

군주의 파빌리온 입구에는 거대한 어금니가 있으며, 전투 수행을 위해 잘 훈련되어 있고 완전한 전투 장구를 갖추고 용감한 조련사가 타고 있는 최소 한 마리 이상의 코끼리가 자리를 지키도록 한다.

군주는 자신의 부대의 일부와 동맹국 군으로 연합부대를 편성하고, 이를 지휘하는 총사령관을 선봉장이 되도록 하여 야간에 군영 밖에 있는 적을 기습적으로 공격한다.

멀리 떨어진 변방과 국경 지역까지 신속히 도달할 수 있는 민첩한 기병은 적군의 동태를 낱낱이 파악해야 한다.

각종 깃발과 꽃과 화환으로 장식된 파빌리온의 출입구는 신뢰할 수 있는 병사들이 엄격히 감시하도록 해야 한다.

출입하는 모든 사람은 철저히 살펴야 한다. 적 지역에서 활동하게 될 밀정에게 군주는 반드시 궁정에서 지령을 하달한다.

음주, 도박을 금지하고 불필요한 소음을 내지 않고, 군사는 모든 무기와 장비를 갖추고 출동할 태세를 갖추어야 한다.

군주는 군사들이 검술 훈련과 연습할 충분한 공간을 남겨 놓고, 참호 밖의 모든 공간은 적이 이용할 수 없도록 철저히 파괴해야 한다.

군영 주변에 적이 침투할 수 있는 비밀스러운 동굴이나 틈새들은 가시가 많은 나무를 둘러치거나, 날카로운 쇠갈고리나 마름쇠를 위치시킨다.

군사훈련은 개활지, 관목이 발달한 지형, 자갈이나 진흙 또는 물이 질퍽거리는 다양한 장소에서 매일 실시한다.

군주가 자신의 군사를 훈련시키는데 최고로 적합한 지형은 적의 입장에서 볼 때는 불리한 모든 요소를 갖춘 지형이며, 그러한 지형을 갖춘 지역은 최상의 군영이기도 하다.

우군과 적군, 모두에 동등하게 유리한 점이 있는 지형은 중간 정도의 이점을 가진 지형이다.

적군의 입장에서 훈련에 매우 적절하고 군주의 군사가 훈련하기에는 아주 부적절한 지형은 모든 지형 중에서 최악의 지형으로 여겨진다.

항상 최상의 이점을 지닌 지형에 군영을 설치하는 것이 바람직하다. 그것이 불가능할 때는 중간 정도의 이점을 지닌 지형에 군영을 설치하라. 그러나 군사작전의 성공을 위해서는 결코 최악의 지형에 군영을 설치하지 않아야 한다. 최악의 지형에서는 옥쇄할 수 있다.

누군가의 손아귀에 장악된 된 것처럼 보이는 곳, 많은 질병이 만연하는 곳, 갑작스러운 적대감이 솟아나는 곳, 된서리가 내리는 곳, 불쾌한 바람이 부는 곳, 갑자기 먼지가 날리는 곳, 다툼이 많이 발생하는 곳, 북소리가 잘 나지 않는 곳, 경고음과 다툼이 끊이지 않는 곳, 천둥이 으르렁거리는 곳, 별똥별이 떨어지는 곳, 군주의 파라솔이 불에 타고 연기를 내뿜는 곳, 재칼의 울음소리가 들리는 곳, 까마귀와 독수리 떼 그리고 다른 커다란 날짐승들이 들끓고, 갑자기 뜨거운 열기가 느껴지거나 핏방울이 떨어지는 곳, 달의 사방이 포물선을 그리는 다른 행성으로 둘러싸인 곳, 강렬한 태양 빛으로 나무 몸통밖에 볼 수 없는 곳, 전차와 수레를 끄는 짐승이 갑자기 기진맥진해지는 곳, 발정기에 있는 코끼리의 관자놀이에서 흘러내리는 액체가 갑자기 말라버리는 곳 – 이러한 현상과 조짐

그리고 다른 불길한 징조가 보이는 곳에 군영을 설치하는 것은 매우 부적절하다.

남녀 모두가 즐겁게 느끼는 곳, 북과 징의 소리가 맑게 나고, 말의 울음소리가 깊게 울려 퍼지고, 완전 무장한 코끼리가 우렁찬 소리를 내는 곳, 베다 경전의 주문 외는 소리가 음악처럼 울려 퍼지는 곳, 노랫가락과 춤의 선율이 물결치듯 조화를 이루며 끊임없이 들리는 곳, 놀래거나 흥분할 일이 없는 곳, 승리가 예견되는 좋은 조짐이 나타나는 곳, 분진이 없고 강우량이 충분한 곳, 천체가 또렷하게 보이는 곳, 천상이든 지상이든 유별나게 도드라진 현상이 관측되지 않는 곳,

미풍이 살랑살랑 부는 곳, 군사들이 잘 먹고 즐거운 곳, 향초가 감미로운 향을 뿜어내는 곳,

흥분제 없이도 코끼리가 흥분하는 곳, 상서로운 풀인 아사라(Asara)가 번성하는 곳 등 이러한 특성을 지닌 곳이 좋은 군영지라고 현자들은 말한다.

군영에 선하고 상서로운 기운이 감돌면 적의 퇴각이 예견되며, 그렇지 않으면 군주가 고초를 겪게 될 것이다. 그러한 것은 좋은 또는 좋지 않은 결과에 대한 전조이다.

이러한 이유로 샤스트라(Shastra)에 정통한 군주는 모든 전조에 관심을 가져야 한다. 좋은 징조가 있고, 올바른 정신을 지닌 군주는 자신이 수행하는 과업을 성공으로

이끌 것이다.

승리는 동맹국, 부, 지식, 기량, 행운, 인내를 가지고 노력하는 군주의 몫이다.

군주는 힌두교에서 '전쟁의 신'으로 불리는 스칸다(Skandha)와 동격이며, 국가 번영의 근본이라고도 한다. 장관, 군사 그리고 정부의 다른 구성 요소들은 아바라(Abara)라고 불린다.

전쟁의 신 또는 군주가 아바라(Abara)의 강력한 지원과 도움을 받는 것을 스칸다바라(Skandhabara) 라고 하며, 이러할 때 국리민복이 증대된다.

파빌리온, 의류, 식수와 식량 그리고 동맹국에서 보내온 지원군의 파괴는 스칸다바라에 대한 사망선고나 다름없다. 따라서, 이러한 요소들은 철저히 보호되도록 조치해야 한다.

따라서 군주는 신중하게 군영을 설치하고, 군영이 어떤 상태인지를 살펴야 하며, 적의 군영도 좋은 상태인지 나쁜 상태인지를 주의 깊게 관찰해야 한다. 군주는 자신의 군영을 살펴본 후, 불길한 징조가 보이지 않으면 공격을 위한 행동을 개시한다.

XVII. 다양한 군사원정

예리한 지성과 용맹함으로 무장하고 운을 타고났으며 열성과 투지가 넘쳐나는 군주는 적을 정복할 수 있는 방책을 모색해야 한다.

재정이 넉넉하고 전략가가 있고, 적보다 전투를 잘하는 네 개의 군종으로 구성된 군사력을 보유하고 있고, 유연한 정치적 식견을 갖춘 군주는 전략과 재력의 힘으로 적을 정복해야 한다.

회유, 선물(뇌물), 군사력 현시, 내부분란과 같은 네 가지와 기만, 무시 그리고 마술을 더한 7가지는 적을 제압하는 방법들로 알려져 있다.

상호 간에 행해진 상대에 대한 배려의 사례 열거, 장점에 대한 칭찬, 일정한 관계의 확립, 위엄의 과시, '나는 항상 당신의 편입니다.'라고 말하는 것처럼 부드럽고 자상한 말씨 등은 '회유'라는 전략을 사용할 줄 아는 사람이 즐기는 5가지 유형이다.

획득한 부를 등급에 따라 분배하고, 받은 것에 대해서는 보답을 하고, 빼앗긴 것에 대해서는 감수를 하도록 하고, 기막히게 좋은 것을 주고, 주도록 되어 있는 것은 주는 것은 5가지 유형의 선물이다.

애정과 사랑을 시들게 하고, 경쟁심을 부추기며, 상대를 위협하는 것 등은 내부 분란의 3가지 유형이다.

살해, 부의 약탈, 손실과 절망감 부과와 같은 것은 군사력을 현시하는 3가지 유형이다.

처벌(Danda)에는 2가지 유형이 있는바, 공개적인 처벌과 은밀한 처벌이 그것이다. 국가적 수준의 적과 백성이 혐오하는 자는 공개적으로 처벌해야 한다.

백성에게 연민의 정을 초래할 수 있는 자, 왕이 총애하는 자, 국가의 물질적 번영과 관계되는 자 등은 은밀하게 처벌해야 한다.

독살, 종교행사 간 암살, 수장과 같은 수단을 사용하여 은밀하게 처벌하면, 아무도 그러한 처벌이 있었는지에 대해 눈치를 채지 못한다.

브라만 계급이나 다른 계급, 성직자는 물론이고 어떠한 낮고 천한 계급의 사람에 대해서도 현명한 군주는 자신의 정신적 그리고 물질적 안녕을 위해 사형을 가해서는 안 된다.

은밀한 처벌에 반대하는 사람은 무시해도 좋다. 그러나 분별력 있는 통치자라면 겉으로 드러나도록 무시를 하거나 다른 사람의 주의를 끌면서 무시하는 일이 없도록 해야 한다.

적의 심리상태를 철저히 살펴보고, 연구하는 등 통찰을 한 후에 군주는 유화적인 말과 달콤한 과즙을 흘려보고 이에 대해 반응이 있으면 회유를 방책으로 채택한다.

상냥하고 달콤한 말 그 자체가 회유라고 할 수 있다. 상대에 대한 찬양, 있는 그대로를 밝히는 것, 달콤한 말과 같은 것들은 회유와 동의어이다.

자신의 관점에서 적의 구상을 파악하려고 한다면, 군주는 물이 산속으로 스며드는 것처럼 적의 마음속에 스며들어 적을 낱낱이 볼 수 있어야 한다.

신과 악마는 회유를 통해서만 우유 빛 바다를 휘젓고 바람직한 결과를 얻을 수 있었다. 드리타라스트라(Dhritarastra, 역주: 고대 힌두교 신)의 아들들은 회유 당하기를 거부했고, 그 결과로 판두(Pandu, 역주: 고대 힌두교의 신)의 아들들에게 전쟁터에서 도륙 당했다.

냉철하고 현명한 군주는 선물 또는 뇌물이라는 수단을 활용하여 자신에게 위협을 가하는 적을 진정시켜야 한다. 인드라(Indra, 역주: 고대 힌두교의 신)를 황폐화시키려는 의도를 지녔던 수크라(Sukra, 역주: 고대 힌두교의 신)은 선물을 받자 그러한 마음이 진정되었다.

평화를 원하는 군주는 강력한 통치자가 자신을 초대하지 않더라도, 자발적으로 다가가서 선물을 제공하여 그를 기쁘게 해야 한다.

무력 사용의 유혹을 받을지라도 이를 거의 사용하지 않으면서, 군주는 밀정들을 활용해 멀리해야 할 4가지 유형의 도당들을 제압해야 한다.

책임을 다하지 않으면서 탐욕을 부리는 자, 명예롭지 못하면서 명예로운 체하는 자, 화를 참지 못하고 분노하는 자, 모든 사람으로부터 비난을 받는 자 등은 멀리해야 할 4가지 유형의 도당들이며, 각 도당들에 맞는 특정한 방책을 적용하여 제압해야 한다. 그러나, 자신의 도당들은 물론이고 적의 도당들에 대해서도 평화로운 방책을 적용하여 자신의 편으로 만드는 것이 최상의 정책이다.

군주는 장관이나 책사 그리고 성직자들이 소외되지 않도록 모든 노력과 주의를 기울여야 하며, 만약 이들이 소외된다면 강력한 힘을 지닌 군주라고 하더라도 그에 대한 책임을 피할 수 없다.

총리와 황태자는 군주의 왼팔과 오른팔이다. 총리는 '군주의 눈'이라고도 한다. 이렇게 중요한 직책의 사람을 업무에서 따돌리는 것은 그 어떤 사람을 따돌리는 것에 비교할 수 없다.

현명한 군주는 경쟁 상대의 왕실에서 이와 같이 중요한 직책에 있는 인사를 업무에서 배제하기 위해 모든 노력을 다해야 한다. 이렇게 하여 따돌려진 인사는 증오의 불꽃으로 자신의 왕실을 파괴할 것이다.

가슴 속 깊은 곳에 불만을 간직한 고위직 인사를 군주는 왕조의 안위를 위협하는 강력한 적으로 간주해야 한다. 따라서 군주는 어떤 식으로든 그를 굴복시키고, 평화와 안정을 유지하면서 자신의 직무를 충실히 수행하도록 하는 조치를 취해야 한다.

특정 인사와의 비밀스러운 접촉은 선과 악을 구분할 능력이 있는 사람에 의해서 행해져야 한다. 접촉 간에는 예리하게 면밀하게 살펴서, 그가 직선적인 사람인지 위선적인 사람인지를 우선적으로 구분해야 한다.

직선적인 사람은 최선을 다해 자신이 말한 바를 지키려고 노력한다. 그러나 위선적인 사람은 자신의 부귀영화만 추구하고, 양쪽 모두를 배신하는 행태를 추구한다.

비열한 자, 군주 곁에서 시간만 보내는 자, 아무런 이유 없이 벌을 받고 있는 자, 개인의 영달만 추구하는 자, 초대를 받아 행사에 참석했지만, 무시당하는 자, 친족이면서도 군주에게 적대감을 보이거나 질투하는 자, 군주에 의해 잘못이 적발된 자, 자신의 과업을 제대로 수행하지 않는 자, 무거운 세금이 부과된 자, 싸우기를 좋아하는 자, 무모하게 용감한 자, 자만심이 가득한 자, 미덕과 부와 기쁨으로부터 단절된 자, 쉽게 흥분하는 자, 갑자기 명예를 존중하는 자, 겁이 많은 자, 저지른 잘못 때문에 처벌을 두려워하며 사는 자, 원하는 대우를 받기 위해 적을 만드는 자, 자신보다 열등한 사람을 좋아하는 자, 동등한 사람을 멀리하는 자, 이유 없이 투옥된 자, 어떤 사유에서인지 편애를 받는 자, 이유 없이 체포된 자, 지체가 높고 신앙이 돈독하나 다른 사람으로부터 무시 받는 자, 가족과 재산이 몰수된 자, 즐거움과 욕심을 지나치게 추구하는 자, 폐인이 된 자, 겉으로만 친한 체하는 자, 물품과 가치 있는 자산을 빼앗긴 자, 추방당한 자, 이러한 자들이 소외되어야 할 도당들이다. 이러한 도당 중 어느 누구든 적과 함께 있는 것이 발견된다면, 그는 굴복시켜야 한다. 이렇게 하여 군주의 편이 된 자 즉, 항복한 자에게는 자신들이 원하는 것을 하사한다. 이러한 방법으로 군주는 자신의 편이 분열되는 것을 막고, 단합이 되도록 해야 한다.

  양자(군주와 소외되어야 할 도당)가 탐내는 것이 무엇인지를 찾아내고, 양자가 두려워하거나 염려하는 것은 무엇이며, 뇌물을 주는 목적이 무엇이며 경배하는 것이 무엇인지를 살펴보는 것이 못마땅한 도당을 소외시키는 적절한 수단이 된다.

  강력한 적으로부터 공격을 받게 되면, 현명한 군주는 적 내부의 도당들 간에 반목을 유도하고 특정 도당이 효과적으로 소외되도록 노력해야 한다. 강력한 산다(Sanda)와 아마르카(Amarka) 형제는 서로가 반목하다가 신으로부터 추방되었다(역주: 산다와 아마르카는 고대 인도 신화에 나오는 악마의 형제로 서로 단결이 잘 되고 의기투합이 되자 이에 위기를 느낀 신은 형제를 서로 반목하게 한 후에 제거하였다).

군주는 단합된 적군을 분열시킨 다음, '정규전(Open warfare, 역주: 상대방에게 사전에 시간과 장소를 통보하는 공격을 말한다)으로 분열된 적군을 섬멸시켜야 한다. 분열된 적군은 마른 풀 더미 위에 놓여져 바로 불이 붙는 쪼개진 장작처럼 쉽게 파괴된다.

신뢰하는 동맹군의 지원을 받고, 지형과 기상의 이점을 누리며, 사기가 충천한 군사를 거느린 군주는 '정규전'으로 적을 파멸의 길로 유도해야 한다.

군주는 먼저 자신이 가진 힘이 어느 정도 되는지를 면밀히 확인한 후에, 군사를 진군시켜 적을 공격해야 한다.

어리석은 자, 모든 힘을 상실한 자, 국책사업으로 노력이 소진된 자, 엄청난 파괴와 상실로 고통을 받고 있는 자, 패망한 자, 겁쟁이, 바보, 여자, 어린이, 성직자, 사악하고 무자비한 자는 물론 우호적인 사람이나 평화를 애호하는 사람들도 '회유'라는 방책으로 설득해야 한다.

탐욕스러운 자와 궁핍한 자는 선물로 복속을 시키고,

사악한 자들은 서로가 서로를 두려워하도록 하여 반목시키고 처벌에 대한 두려움으로 마음대로 행동하지 못하도록 해야 한다.

변심한 아들, 형제, 그리고 친구들은 말로써 설득하거나 부를 제공하여 내 편이 되도록 해야 한다. 비록 그들이 적의 공작으로 군주와의 관계가 소원해졌다고 할지라도, 어느 누가 그들을 대체할 수 있겠는가?

우연히 이들(아들, 형제, 친구 등)의 충성심이 약해진다면, 군주는 이들에게 회유라는 수단을 동원해야 한다. 사실, 그들은 종종 자만심과 자존심으로는 구제할 수 없을 정도로 타락하기도 한다.

태생이 고귀하고, 올바르게 행동하며, 자비심이 있고, 친절하며, 연민의 정을 지녔으며, 진실성과 감사하는 마음을 갖고 다른 사람에게 해를 끼치지 않는 사람이 바로 종교적 지도자(Acharya)이다.

선심(선물, 뇌물) 정책과 따돌림 정책에 정통하고 효과적인 처벌 방법을 알고 있는 군주는 선심과 따돌림을 수단으로 하여 군사령관과 시민 그리고 백성을 자신의 편으로 만들어 지배해야 한다.

기분이 상한 친구는 자존심을 살려주거나 선물이나 따뜻한 말로 회유하고, 그 외의 사람들은 선심(선물, 뇌물) 정책이나 따돌림 정책 또는 뇌물을 적절히 제공하여 자신의 편으로 끌어들여야 한다.

 신의 형상 내부나 기둥, 굴속에 몸을 감추는 것, 여장을 한 남자, 한밤에 끔찍한 모습이나 악마 또는 신의 모습으로 나타나는 것 등은 마야(Maya)라고 하는 기만정책의 단편을 보여주는 것이다.

 원하는 다른 모습으로 외형을 바꾸고, 순간적으로 무기와 쇠 구슬 그리고 물을 퍼붓고, 어둠 속에 몸을 감추는 것 등도 속임수로 행해질 수 있다.

 비마(Bhima)는 여장을 하고 키차카(Kichaka)를 살해했다. 불의 신 역시 오랫동안 신령한 마야(Maya)의 모습으로 몸을 감추고 지냈다.

 3가지 유형의 외교적 무관심이라고 하는 우펙샤(Upeksha)는 어떤 사람이 잘못되는 것에 대한 무관심, 전쟁을 개시하는 것에 대한 무관심, 위험에 처하는 것에 대한 무관심을 일컫는다.

 악행을 일삼고 정욕에 눈이 멀었던 키차카(Kichaka)에 대해 비라타(Virata)는 무관심으로 일관했고, 결국 비라타는 비마(Bhima)가 키차카를 살해하는 것을 막을 수 있는 위치에 있음에도 불구하고 어떠한 행위도 하지 않았다.

 자신의 욕망이 충족되지 않는 것을 두려워한 히딤바(Hidimva)는 비마(Bhima)의 군대가 전쟁 준비 하는 것을 목격했음에도 불구하고, 이에 대한 관심을 보이지 않아 자신의 친동생이 살해되었다.

구름, 어둠, 비, 불, 산 그리고 다른 기괴한 형상의 깃발을 날리며 진군하는 모습의 현시, 병사들의 훼손된 신체나 도륙된 병사들의 모습, 고도로 무장한 부대의 모습 등을 마술로 표현하는 것은 적에게 극도의 공포심을 유발시킬 수 있다.

위에서 열거한 이러한 내용들이 군주가 다양한 목적을 달성하기 위해 채택하는 방책들이다. 이러한 방책들 중, 군주가 회유의 본질을 잘 이해하고 있다면 언제든 이를 방책으로 채택할 수 있어야 한다.

이러한 방책들은 선심(선물, 뇌물) 정책, 회유, 따돌림 정책 순으로 적용한다.

회유와 따돌림 정책을 선심(선물, 뇌물) 정책과 함께 적용하면 그만큼 성공 가능성은 커진다.

회유정책도 선심(선물, 뇌물) 정책의 도움이 없이는 성공하는 것이 어렵다. 선물 없이 회유만으로 요망하는 효과를 거둘 수 없으며, 이는 조강지처에게도 마찬가지이다.

정치학의 본질을 꿰뚫고 있는 군주는 이러한 방책들을 적군은 물론이고 자신의 군사들에게도 기술적으로 적용할 수 있어야 한다. 이러한 방책을 활용하지 못하는 군주는 종말을 초래할 낭떠러지를 향해 걸어가는 앞을 못 보는 사람과 한가지이다.

현명한 군주가 이러한 방책을 잘 활용하면, 국가의 번영은 담보된 것이나 마찬가지이다. 이러한 방책을 토대로 국가를 경영하는 군주는 커다란 결실을 거둘 수 있다.

XVIII. 전쟁의 방식, 장군 그리고 전투의 수행

회유, 선심(선물, 뇌물), 따돌림에 의한 내부분란 유도라는 3가지 정책이 실패하면 책략에 정통한 군주는 적을 징벌하기 위해 군사를 일으켜야 한다.

신들과 환생한 브라만 승려를 경배하는 종교의식을 거행한 다음, 행성과 별이 찬란하게 빛을 발할 때에 군주는 6가지 유형의 군종을 적절한 대형으로 펼쳐 적을 향해 진격한다.

친위군(Moula), 용병, 조합 소속군(Sreni), 연합군, 항복한 적군 그리고 야만족 군은 6가지 유형의 군종이다. 먼저 언급한 군종이 뒤에 언급한 군종보다 더 중요하다.

군주에 대한 존경과 사랑, 군주에게 닥칠 수 있는 위험을 제거하는 것에 대한 지원, 군주와 생각과 감정을 공유하는 측면에서 친위군은 군주가 용병보다 신뢰한다.

용병은 자신의 생계를 군주에게 의존하므로 조합 소속

군보다 신뢰한다.

조합 소속군(Sreni)은 연합군보다 신뢰를 받는 바, 연합군은 승리의 결과를 군주와 함께 즐기지 못하지만, 전자는 군주와 기쁨과 슬픔을 함께하며 더 나아가 군주와 같은 나라에서 살고 있다는 것이다.

연합군은 군주에게 항복한 적군보다 신뢰한다. 전자는 군주와 동일한 목표를 추구하며 자신들의 행동이 소속된 국가를 위한 것이나, 후자는 군주와 목표에 대해 다른 입장이다.

산림 속에 사는 야만족 군은 본질적으로 믿을 수 없고 욕심이 많으며 원죄를 짓고 있는 집단이다. 이러한 이유로 거칠고 훈련 받지 못한 야만족 군보다 항복한 적군을 보다 신뢰한다.

야만족 군과 항복한 적군 모두는 군주를 따르면서도 내심으로는 군주가 파멸의 길로 들어서기를 갈망한다. 따라서 그들이 군주를 어려움에 빠트릴 기회를 모두 잃었을 때, 승리는 군주의 것이 된다.

군주는 이들 두 족속(야만족 군과 항복한 적군)에 대해 적이 직접 접근하여 비밀스러운 지령을 내릴 수 있으므로 깊은 관심을 기울여야 한다. 군주는 내부적으로 계략을 세워 이들을 제압할 수 있어야 한다.

사기가 충천하고 충성심이 강한 강력한 힘을 지닌 친위

군을 보유한 적에 대해 군주는 손실과 파괴를 견디어낼 수 있는 동일한 군사력 즉 자신의 친위군으로 맞서게 해야 한다.

행군이 길어지거나, 전역이 오랫동안 지속되면 군주는 친위군의 완벽한 경호 하에 임무를 수행해야 한다. 친위군은 손실과 파괴를 오랫동안 감내할 수 있는 존재이다.

장기간의 행군이나 전역 수행 간 현명한 군주는 용병이나 다른 유형의 군종에 지나치게 의존해서는 안 된다. 이러한 상황에서 피로에 지치게 되면 그들은 적의 이간질에 쉽게 넘어갈 수 있으므로 각별한 주의가 요구된다.

적의 병력이 많을 때, 피로와 노고가 과도하고 장기간 지속될 때, 부대가 빈번히 해외로 파병(역주: 저자는 군대가 외국에 파견되는 것이 전투력 발휘에 부정적인 것으로 보고 있다)되고 어려운 과업을 수행하게 될 때, 적은 이간질이라는 계략을 통상 자행한다.

군주는 친위군의 숫자가 용병보다 적을 때 사실상 무기력하다. 적 또한 친위군의 숫자가 적거나, 그들이 불만을 품을 때 무기력하다.

원로의 조언과 함께 전투를 보다 자주 치르게 되면, 승리를 쟁취하는 데에 따르는 어려움은 적어진다. 지형과 기상이 불리하면, 손실과 피해는 엄청나게 증가한다.

적군이 이간질하는 노력을 포기하여 신뢰할 수 있게 될

즈음, 용병은 '적들의 전투의지가 없으니 도륙해야 한다.' 라고 주장한다.

3가지 유형의 군종(야만족 군대, 항복한 적군, 조합의 군대)은 적의 계략에 빠져 만취 상태가 되어 임무수행이 어려울 수 있다. 군주는 철저히 훈련되고 외국에 오랫동안 파견되지 않은 친위군을 동원하여 적을 공격해야 한다.

전투를 수행할 수 있는 자원이 소규모인 군주는 책사의 도움을 받아 동맹국의 군사력을 자신의 군사력처럼 사용해야 한다. 이렇게 하는 것이 곧 군사력을 증진시키는 것이다.

군주와 동맹국 통치자 모두가 동일하게 관심을 가지고 있고, 동맹국의 행동에 승리가 달려있을 때 관대한 처분이나 애매한 조치 등은 동맹국과 긴밀히 협의하여 행해야 한다.

많은 수의 항복한 적군의 지원을 받는 군주는 이들을 강력한 적을 향해 진격시켜야 한다. 이후, 멧돼지를 사냥하려고 기다리는 사냥개처럼 이들을 회유하거나 다른 유형의 책략을 실행해야 한다.

항복한 적군은 공격로 상의 난제를 뿌리 뽑는데 투입시켜야 한다. 그렇지 않으면, 끔찍한 사태를 초래할 위험이 있다.

야만족 군대도 유사한 과업에 투입시켜야 한다. 즉, 다른 국가의 영토 내로 진입 시 군주는 그들을 항상 최선봉에 위치시켜야 한다.

이러한 2가지 유형의 군종은 기병, 보병, 전차, 코끼리와 함께 6가지 유형의 병종을 구성한다. 이러한 군종들이 책략가와 풍부한 재정의 지원을 받으면 6가지 유형의 병종으로 편성된 부대가 된다.

최소한의 결함조차도 없이 이러한 6가지 병종을 잘 조합하는 강력한 군주는 자신의 부대보다 강한 적군을 능히 상대할 수 있다.

책사의 도움을 받아 군주는 자신의 군대와 관련된 사항을 파악해야 하고, 군주 스스로는 예하의 장군들이 무엇을 해야 하는지 또는 하지 않아야 하는지를 알아야 한다.

좋은 가문 출신으로 국내에서 출생, 책략의 이해와 실행에 정통, 통치술과 행정을 학습, 탁월한 열정, 영웅주의, 관용, 인내심, 상냥함과 심적인 여유가 있으며, 선천적인 남자다움과 완력의 보유하고, 추종자와 부양자가 많고, 친구가 많고, 인지도가 높으며, 외모가 중후하고, 아량이 넓고 많은 사람과 자유롭게 어울리는 실용적인 사람, 이유 없이 타인의 감정을 상하게 하거나 적대관계를 만들지 않으며, 인간관계에서 적이 없으며, 정치학에 정통하며, 선현의 가르침대로 행동하는 사람, 건강하고, 건장하며, 용감하고, 인내심이 있으며, '시'와 '때'가 주는 기회의 활용에 친숙하고, 외모가 준수하며, 자신의 능력을 전적으로 믿는 사람, 말과 코끼리를 잘 다루며, 전차를 수리할 수 있고, 피곤함을 느끼지 않으며, 검술이 뛰어나고, 민첩한 사람, 전투를 위해 편성된 사단을 잘 알고, 행동이 필요할 때까지는 사자처럼 힘을 감출 수 있고, 우유부단하지 않으며, 관찰력이 있고, 자신을 통제할 줄 아는 사람, 말, 코끼리, 전차 그리고 무기의 상태를 잘 파악하고 밀정이나 정찰 부대의 행동이나 움직임에 친숙하고, 우발 상황에 즉각 대처할 수 있는 사람, 모든 제례 의식을 준수하며 능력 있는 사람들이 추종하며, 모든 전쟁 유형에 조예가 깊고 군대를 탁월하게 관리할 수 있는 사람, 천부적으로 다른 사람의 마음을 읽는 독심술 능력을 타고났고, 병사, 말, 코끼리가 원하는 것을 적시에 파악할 수 있고, 또한 그들을 등급별로 구분하고 식량을 공급할 수 있는 사람, 모든 국가와 그들 국가의 언어와 백성들의 특성을 잘 알고, 모든 문자를 해석할 수 있으며, 기억력이 탁월하고, 야간 공격을 지휘하는 능력이 탁월하며, 예리한 지혜로 자신의 임무를 명확히 수행하는 사람, 일조와 일몰 시간을 알며, 별자리와 행성의 위치 변화가 미치는 영향을 예견할 수 있고, 군사가 통과할 지역과 통로 및 방향을 완전히 숙지하고 있는 사람, 굶주림이나 목마름에 따른 고통과 피로를 두려워하지 않으며, 폭염이나 추위 그리고 장마와 같은 악천후에도 견딜 수 있으며, 불안함과 지친 심신을 스스로 극복하며, 정의를 따르는 자들에게 안전을 확신시켜 주는 사람, 적의 방어지대에 돌파구를 형성할 능력이 있고, 어려운 과업을 수행할 수 있고, 자신의 군대가 보이는 위험한 경보음을 발견하고 제거할 능력이 있는 사람, 주둔지를 방호할 수 있고, 부대의 부당한 행위를 밝힐 수 있고, 밀정이나 메신저가 보내는 위장 또는 변조된 신호를 완전히 알고 있으며, 자신의 위대한 노력으로 엄청난 성공을 거두는 사람, 수행하는 과업을 항상 성공적인 성과로 마무리하고, 자신의 친인척에 미치는 결과는 무시하면서도 왕국의 물질적 번영에 대해서만 걱정하는 사람 등과 같은 특성을 지닌 사람이 군사령관이 되어야 한다. 군은 주야를 막론하고 항상 모든 노력을 다하여 못된 세력으로부터 국가를 방호해야 한다.

군사령관은 강, 산, 들판을 막론하고 위험한 상황이 발생할 수 있는 지역은 어느 곳이든지 자신의 군대를 언제든 투입시킬 수 있는 태세를 갖추어야 한다.

정예부대 파견대의 지원을 받는 전위대는 수레로 행군을 하며, 군주와 그의 진영 그리고 재화는 대형의 중간에 위치한다.

기병은 대형의 양 측면에서 행군하며, 그 기병의 양 측면은 전차, 전차의 양 측면은 코끼리 부대가 위치하며, 코끼리 부대의 양 측방에는 야만족 군이 위치하여 행군한다.

따라서 수완이 있는 장군은 모든 병력을 전방에 배치하고, 부대가 행군하는 상황을 통제하면서 부상자와 약자에게 편안히 쉬도록 하면서 후방에서 천천히 행군한다.

전위대에 위험이 닥치면, 부대는 악어 대형(Makara) 또는 독수리 대형(Syena), 또는 바늘 대형(Siichi)을 취한 후 전방으로 행군한다.

후방에 위험이 닥치면, 전차 대형(Saksita)을 취한다. 측방에 위험이 닥치면, 바즈라(Vajara)라고 부르는 대형을 취한다. 모든 상황에서 사르바토-바드라(Sarvato-Bhadra)라고 알려진 적을 놀라게 하는 대형을 취해야 한다.

군대가 먼 길을 지나 언덕을 넘어 숲과 숲 속의 계곡과 강과 강바닥을 행군하며, 굶주림과 갈증, 추위에 시달릴 때, 도둑 떼의 습격, 질병의 고통, 식량 부족, 전염병과 압박감에 시달릴 때, 행군 도중에 오염된 물을 마셔야 되고, 서로 분리되거나 삼삼오오 모여 있게 될 때, 깊은 잠에 빠져있고, 식사 준비에 분주하고, 적절한 지대에 위치하지 못하고, 적의 공격에 대비하지 못하며, 도둑 떼와 화마의 공포에 시달리며, 폭우와 폭풍을 헤쳐나가야 할 때, 군주는 자신의 군대가 이러한 여러 가지의 재난으로부터 보호되도록 적절한 조치를 취해야 하며, 적군이 공격해오면 맞서 싸워서 섬멸해야 한다.

적(적의 통치자)과 그의 국가 구성요소 간에 소원한 관계를 조성하였으며, 시기와 지형의 이점이 자신에게 있을 때 군주는 전력투구하여 승리를 쟁취해야 한다. 그렇지 않으면, 불리한 여건에서 전쟁을 해야 할 것이다.

비정규전(Unfair warfare, 역주: 상대방에게 사전에 통보하지 않고 시행하는 기습, 야간 공격 등을 말한다)에서 불리한 지형에서 야영을 하는 적은 유리한 지형을 점령한 군주에 의해 도륙된다. 군주 자신이 잘 알고 있는 지역이 유리한 지형이다.

국가 구성 요소로부터 분리된 결과로서 힘이 빠진 통치자는 선물이나 뇌물로 고용한 비밀 밀정,산적, 용감한 군인이나 내부의 분란으로 살해되도록 한다.

선봉에 모습을 드러낸 사람이 적의 통치자라는 것이 명확히 식별되면, 군주는 민첩하고 영웅적인 군사를 후방으로부터 투입하여 그를 살해해야 한다.

군주는 또한 적의 통치자의 관심을 끌기 위해 적의 후방에 보다 많은 군사를 배치한 후에, 전면에서 정예부대로 공격하여 적을 살해할 수도 있다. 이러한 방책은 측면을 활용하여 실행할 수도 있다.

전방의 지형이 자신에게 유리하지 않다면, 현명한 군주는 신속히 위치를 전환하여 적을 후방에서 살해해야 한다. 군주는 군영 내에 숨어서 활동하는 적의 수하를 포섭하여 살해한다.

냉철한 군주는 적의 병력을 숙영지나 성채에서 평지로 유인하여 도륙한다.

군주는 자신의 군대의 약점을 드러내지 않으면서 그 약점을 동맹군의 지원으로 보완하면서 사자와 같이 사나운 기세로 적을 격멸한다.

군주는 군사를 매복시켜, 사냥 중인 적을 살해하거나, 적을 먼 곳까지 원정하여 약탈하도록 유인한 후에 복귀하는 통로를 차단하고 살해한다.

야간에 기습당할 것을 두려워하여 밤새 경계를 하느라 수면을 취하지 못해 피로가 누적된 적은 다음 날 공격하여 섬멸한다.

야간 공격의 원칙을 꿰뚫고 있는 군주는 어떠한 의심도 하지 않고 깊은 잠에 빠진 적을 제5열의 부대로 하여금 야간에 공격하도록 한다.

군주는 적이 태양이나 강한 바람을 마주 보도록 유인하여 그들의 눈을 멀게 한 다음 분노에 찬 날쌘 군사들을 투입하여 도륙한다.

이러한 방법으로 군주는 기선을 제압하고 적을 격멸한다.

안개, 어둠, 동물의 떼, 동굴, 언덕, 수풀, 강바닥은 적에게 은신처를 제공하는 7가지의 유형이며, 이 또한 적이다. 적절한 방법을 찾기 위해 인내심을 갖고 노력하는 군주는 밀정을 통해 적의 움직임을 상세히 파악하고, 여러 가지 유형의 전쟁을 수행하여 적을 격멸한다.

위에서 제시한 것처럼 군주는 비정규전(unfair war)으로 적을 격멸해야 한다. 기만 방책을 사용하여 적을 살해하는 것이 결코 군주의 도덕성에 해로운 영향을 미치지 않는다.

XIX. 전투대형

―

코끼리부대는 모든 진격에 앞서 최우선적으로 나아가려는 방향의 산악지역에 먼저 진입하여 도로와 통로를 개척시키며, 수심이 깊은 곳의 도하, 적의 연합대열 돌파, 경호부대 무력화, 분산된 우군의 집결, 위험의 근원을 회피하고, 성벽과 성문 부수기, 정책지침에 의거 모든 위험으로부터 재화와 군사의 방호 등의 기능을 수행한다.

기병 부대는 다양한 방향과 도로 정찰, 군수부대 방호, 보병 지원, 신속한 추격과 철수, 부대의 싸우려는 의지 고취, 측방과 후방의 방호 등의 기능을 수행한다. 보병은 항상 무기로 무장을 하고, 부대가 이동하는 통로, 함정, 도로, 숙영지 주변의 위험 요소를 제거하고 식량과 마초의 재고를 파악하며 건축과 토목에도 재능이 있어야 한다.

좋은 가문, 젊은 나이, 다른 생명체의 생각을 알아내는 재능, 기량과 재능, 신속한 판단과 올바른 행동의 몸소 실천 등 보병, 기병 그리고 전차병은 이러한 자격요건을 갖추고 모든 행동 지침을 준수하여 일정한 등급에 도달하는 사람만이 전투에 투입된다.

나무 등거리와 가시덩굴이 없고 나무와 잡목이 제거되고 땅이 평평하고, 후퇴할 수 있는 출구가 있는 곳이 보병이 기동하는데 유리한 지형이다.

나무와 돌이 적고, 구덩이와 덩굴식물 그리고 동굴이 없으며, 자갈이나 진흙도 없고 출구가 있는 곳이 기병에 적합한 지형이다.

모래, 진흙, 흙무덤과 돌멩이가 없고 습지, 덩굴식물, 구덩이, 나무, 우거진 잡목 등이 없는 곳 그리고 말발굽이 빠질 수 있는 틈이 없고, 바퀴가 빠지지 않는 견고한 지형이 전차에 적합한 지형이다.

전차 부대, 기병 부대, 그리고 코끼리부대에 적합한 지형은 평탄하고 견고해야 한다. 현명한 지휘관은 기병 부대에 적합한 지형이 코끼리부대에는 적합하지 않을 수 있음을 알아야 한다.

코끼리가 몸을 비비거나, 먹어 치울 수 있는 나무나 있고, 덩굴식물이 뿌리째 제거되고, 수렁이 없으며, 활동하기 좋은 야지로 접근 가능한 둔덕이 있는 곳이 코끼리 부대에 적합한 지형이다.

현명한 군주는 명분이 없거나 배후가 완벽히 방호되지

않는 위험한 전쟁은 가급적 피해야 한다. 성마른 필요로 개시하는 전쟁은 수많은 적에게 포위될 우려가 있다.

이동 간 재화는 코끼리 위에 싣고 경 무장 부대의 경비 하에 군주가 이동하는 곳으로 함께 운반되어야 한다. 재화는 왕실의 생명줄과도 같이 중요하기 때문이다.

어려운 과업이 완수된 후 전사들에게 후한 보상을 하는 군주는 칭송을 듣고 존경을 받는다. 후한 보상을 하는 군주를 위해 싸우지 않을 전사가 있겠는가?

적의 통치자를 주살한 전사에게는 천만 바르나(Barna, 역주: 고대 인도의 화폐단위로 pana라고도 한다. 건장한 성인 1명이 하루에 네 끼의 식사를 하며, 1년간 생활하는데 필요한 연봉이 60바르나 라고 하는 데에서 1바르나의 가치를 짐작할 수 있다)의 상금을 기꺼이 수여하며, 적의 왕자나 장수를 주살한 전사에게는 그 절반의 상금을 수여해야 한다.

정예부대의 장수를 주살하면 1만 바르나의 상금을 수여한다.

코끼리나 전차를 파괴하면 5천 바르나의 상금을 수여하고, 궁수나 핵심 전사를 주살할 경우 1천 바르나의 상금을 수여한다.

소 떼나 다른 즐거움의 대상, 금이나 다른 금속은 정복자에게 귀속된다.

군주는 전사들이 가져오는 전리품에 대해 기꺼이 보상

을 한 후에, 힘이 센 전사는 전투 대형에 배치한다.

기병은 전차 및 코끼리의 숫자보다 3배가 많아야 하며, 5X5 대형을 적용해야 한다. 보병 부대는 대형과 대형 간에 배치하며, 기병 부대는 3개의 대형 간격으로 배치한다.

코끼리와 전차로 구성된 사단은 정략에 통달한 자가 지휘해야 한다.

기병, 전투병, 전차병, 코끼리는 후퇴하면서 전투할 경우 서로의 노력에 방해가 되지 않도록 운용해야 한다.

위험한 비정규전을 수행할 때는 부대가 뒤엉켜서 싸워야 한다. 치열하게 전쟁을 수행할 때는 권력자와 고귀한 왕실 인사는 사전에 피난처를 물색해 놓아야 한다.

적의 장수에게는 3명의 전사가 대항해야 하고, 보병 15명과 기병 넷이 되어야 한 마리의 코끼리 또는 한 대의 전차와 맞설 수 있다.

전투대형과 전쟁술에 정통한 사람들은 전투력의 약점을 판차차파(Panchachapa)라고 부른다.

정면(Urasa), 양 측면(Kaksha), 양익, 중앙, 후면, 배후, 예비(Kotee)는 전투대형을 구성하는 7개의 다리라고 이에 정통한 사람은 말한다.

우리의 스승에 따르면 전투대형에는 정면, 양 측면, 양익 그리고 후면 만이 있다고 했지만, 실제 기술한 것을 보면 양 측면은 누락되어 없다.

누구에게도 지기 싫어하고, 태생이 고귀하며, 마음이 순수하고, 타격에 조예가 깊고, 목표를 확신하며, 결사적으로 싸울 역량이 있는 사람을 사단장으로 임명해야 한다.

영웅적이고 용감한 전사들에 의해 둘러싸인 군주는 야전에 머물러야 하며, 분리됨이 없이 서로가 서로를 방호해야 한다.

군기는 대형의 중앙에 위치시키며, 전투 장비는 은밀한 곳에 위치시킨다.

전투에 능하고 맹수처럼 사나운 부대를 전투에 투입해야 한다. 훌륭한 장군은 '전투의 혼'이라고 하며, 그러한 장군이 없으면 전투에서의 승리도 없다.

보병, 기병, 전차 그리고 코끼리로 구성되고 그 부대가 다른 부대의 후방에 위치하는 전투 대형을 아찰라(Achala)라고 부른다. 코끼리, 기병, 전차, 그리고 보병으로 구성된 부대는 적의 상당한 공격에도 지탱할 능력을 갖춘다.

기병을 중앙에, 전차를 양 측면에, 코끼리를 양익에 위치시킨 전투 대형을 안타비드(Antavid)라고 부른다.

현명한 군주는 전차를 끄는 말이 없을 때는 보병이 그 역할을 하도록 하고, 전차가 없을 때는 코끼리가 대신하여 그 역할을 할 수 있도록 배치할 수 있어야 한다.

보병, 기병, 전차 그리고 코끼리는 사단의 중앙에 위치해야 한다. 코끼리는 보병, 기병, 그리고 전차에 둘러싸여 중앙에 위치시킨다.

적의 군대가 약하고, 분리되어 있으며, 사악한 자가 통솔하고 있다면, 이러한 군대는 당연히 공격을 받아 마땅하고, 군주는 이를 위해 강력한 군사력을 파견해야 한다.

적을 공격할 때는 2배 이상의 강한 군사력으로 압박을 가하고, 적이 단결되어 있을 때는 코끼리를 배속시켜 맞서도록 한다.

좀처럼 정복되지 않는 적의 코끼리 부대는 사자 기름을 바른 코끼리 부대에 의해 또는 용감한 코끼리 조련사가 이끄는 일련의 코끼리 무리로 하여금 공격하여 도살해야 한다.

적의 병력은 무장을 잘 갖추고, 분노했으며, 미늘갑옷을 걸쳤고, 용감한 전사가 탑승을 했고, 거스를 수 없는 힘을 발휘하는 코끼리에 의해 도륙되어야 한다.

잘 길들여 있고 용맹한 코끼리가 영도하는 부대는 적의 병력을 손쉽게 도륙할 수 있다. 세상을 끌어가는 통치자의 승리는 얼마나 많은 코끼리를 보유하는가에 달려있다. 군주의 군영은 코끼리로 항상 가득 차 있어야 한다.

색인

ㄱ

강국론(Arthashastra) 13, 24
국가 구성요소 15, 49, 80, 81, 85, 86, 87, 88, 90, 93, 99, 101, 112, 123, 141, 156, 158, 163, 171, 213
군주의 재앙 158
군영 183, 187, 188, 189, 190, 191, 192, 193, 214
기만정책 202

ㄴ

내각 회의 137

ㄷ

대사(특명전권대사) 140, 141, 142, 143, 144, 145, 149, 156, 184, 185
대형(전투대형) 186, 205, 212, 216, 219, 220, 221

ㅁ

마힌드라(Mahindra) 41

ㅂ

바르나(Barna) 218, 219
바이샤(Vaisya) 27

분란(내부분란) 52, 93, 109, 111, 154, 156, 159, 161, 171, 179,
　　　　　185, 194, 195, 205, 213
브라만(Brahman) 27, 28, 101, 103, 115, 195, 205
브리하스빠티(Vrihaspati) 65, 81, 85, 107, 128, 137
비샤락샤(Vishalaksha) 85
비정규전(Unfare Warfare) 213, 215, 219

ㅅ

사절단 140
선심(선심정책) 202, 203, 204,
성채 15, 38, 46, 47, 80, 85, 86, 91, 97, 106, 123, 141, 144, 153,
　　　154, 158, 214₩
세력 궤도(Mandala) 80, 83, 84, 85, 86, 87, 90, 93, 96, 112, 114,
　　　　　　　　　115, 117, 119, 145, 146, 148, 152, 161
수드라(Sudra) 27, 45

ㅇ

오관 18, 19, 30
옹성전 153
용병 205, 207, 208,
역외강국(Udasina) 84, 87, 89, 98, 123, 124, 156
이중거래(Daidhibhava) 124, 125, 128
인드라(Indra) 84, 92, 106, 171, 185, 197
인접강국(Madhyama) 83, 84, 86, 87, 90, 156
외교적 무관심(Upeksha) 202
원정(군사 원정) 120, 132, 175, 177, 178, 181, 182, 194, 214

ㅈ

적대심 37, 40, 41, 114, 115
전쟁의 유형 115
정규전(Open Warfare) 200
정의(Dharma) 12, 14, 18, 48, 49, 64, 68, 79, 101, 103, 163, 211
조합 소속군(Sreni) 206, 208
정지(Asana) 122, 123, 124, 128, 132
주적 82, 83, 84, 85, 86, 87, 89, 92
진격(Yana) 119, 120, 121, 122, 128, 140, 141, 143, 149, 175, 176, 178, 181, 182, 184, 185, 186, 187, 205, 206, 216

ㅋ

카스트(Caste) 25, 27, 29, 51
크샤트리아(Kshatriya) 27, 48

ㅌ

트리바르가(TriVarga) 14, 49, 64, 65

ㅍ

파빌리온(Pavilion) 187, 188, 189, 192
평화(Sandhi) 128
평화조약 103, 104, 105, 107, 108, 121
평화의 유형 97, 100
평화협정 100, 106, 111

허세만 번역 [강국론](개정판)
미국, 중국, 일본 그리고 북한을 이끌어갈 대한민국 필독서!

예비역 대령, 허세만 박사가 번역하였다. 인도 마우리아 제국의 태조인 찬드라굽타 황제의 책사이자 철학가, 사상가, 역사가, 전략가인 카우틸랴(또는 쨔나끼야)가 저술한 [강국론]은, 서기 3세기 이후에 역사에서 사라진 후, 20세기 초에 발견되었다. 이 책의 존재가 세상에 널리 알려지게 된 것은 네루의 옥중수기라고 할 수 있는 인도의 발견(Discovery of India)』이 1948년에 발간되면서부터이다.

서양에 마키아벨리의 [군주론]이 있다면 동양에는 카우틸랴의 [강국론]이 있다. 또한 [강국론]은 한비자의 '법(法)·세(勢)·술(術)'의 사상과 손자의 '싸우지 않고 이기는 책략', 마키아벨리의 '간교한 술책'을 통섭하고 있다.

정치 외교 군사학 및 리더들의 지침서

우리나라 사람에게 Chanakya는 어떤 인물일까? 아쉽게도, 정치학이나 군사학을 전공하거나 관심 있는 사람들에게조차 Chanakya는 생소한 인물이다. 그나마, 2016년 초에 강국론(Arthashastra)이 완역되어 세상에 나온 후에 그 생경함이 다소 완화되었다.

강국론에 내재되어 있는 기본적인 사상은 민본주의이다. 제1권의 군주 편에 보면 "백성의 기쁨이 군주의 기쁨이며, 백성의 복지가 군주의 복지이다. 군주는 자신의 만족이 아니라, 무엇이든 백성을 만족시키는 것이 선(善)이라는 사실을 인식해야 한다."고 기술하고 있다.

카우틸랴는 이러한 선은 다르마(dharma, 진리, 법)가 뿌리 내리고 카마(kama, 기쁨, 즐거움)라는 열매를 즐기는 비옥하고 풍요롭고 안전한 땅 즉 '강국(artha)'을 건설함으로써 구현한다는 것이다.

카우틸랴는 저서 말미에서 "강국론은 내가 살고 있는 천하와 또 다른 천하를 획득하고 유지하는 지침이다."라고 하였다. 지침은 올바르게 훈육된 군주가 정직하고 능력 있는 관료를 발탁하고, 잘 정비된 법과 제도로 민생을 돌보며 치안을 유지하는 가운데 국가의 부를 창출하기 위해 끊임없이 정복하여 영토를 확장해야 한다는 논리적 흐름이라고 할 수 있다.

과거와 현재와 미래가 공존하는 나라 인도는, 우주선을 만들어 소달구지에 싣고 가는 나라로 비유되기도 한다. 만약 [강국론]이 인도에서 15세기에 발견되었다면, 인도가 영국을 지배했을지도 모른다. 또한, 지금쯤이면 화성에서 농사를 짓기 위해 우주선에 소달구지를 싣고 가고 있을지도 모른다.

현재 인도의 학계는 강국론을 손무의 손자병법, 마키아벨리의 군주론에 필적하는 것으로 평가하면서도 내심으로는 이들을 능가하는 불후의 명저라고 자부한다.